田园综合体研究

TIANYUAN ZONGHETI YANJIU

中航长沙设计研究院有限公司　编著

中南大学出版社
www.csupress.com.cn
·长沙·

图书在版编目(CIP)数据

田园综合体研究／中航长沙设计研究院有限公司编
著. —长沙:中南大学出版社,2020.8
ISBN 978 - 7 - 5487 - 0741 - 7

Ⅰ.①田… Ⅱ.①中… Ⅲ.①乡村规划—研究—中国
②区域经济发展—产业发展—研究—中国 Ⅳ.
①TU982.29②F269.27

中国版本图书馆 CIP 数据核字(2020)第 106147 号

田园综合体研究
TIANYUAN ZONGHETI YANJIU

中航长沙设计研究院有限公司　编著

□责任编辑	谢贵良　张　倩　梁　甜		
□责任印制	周　颖		
□出版发行	中南大学出版社		
	社址:长沙市麓山南路	邮编:410083	
	发行科电话:0731 - 88876770	传真:0731 - 88710482	
□印　　装	湖南省众鑫印务有限公司		

□开　　本	787 mm×1092 mm 1/16	□印张 11	□字数 221 千字
□版　　次	2020 年 8 月第 1 版	□2020 年 8 月第 1 次印刷	
□书　　号	ISBN 978 - 7 - 5487 - 0741 - 7		
□定　　价	90.00 元		

图书出现印装问题,请与经销商调换

编委会

前　言

　　"田园综合体"是我国城乡统筹发展进程中的新生事物，也是近年来由规划设计界提出并上升到国家层面的一种开发建设模式，相对于"城市综合体"的开发建设模式而言，在美丽乡村、特色小镇的乡村建设中，具有建设功能的复合性和产业的多样性。在国家政策的指引和扶持下，其产业选择、项目运营、实际操作等已成为当前理论界和实践者最为关注的领域。

　　习近平总书记在"十九大"上将"乡村振兴战略"上升为国家战略，"乡村振兴战略"持续贯彻带来的乡村巨大需求是深入推进供给侧改革的关键抓手，也是我国应对深刻变化的复杂外部环境形势的重大举措。在此基础上，我国能更好地应对各种风险挑战，确保经济持续发展和社会稳定的"压仓石"具有切实的社会意义。该战略是决胜全面建成小康社会、全面建设社会主义现代化国家的重大历史任务，是新时代"三农"工作的总抓手。而田园综合体建设则是实施"乡村振兴战略"的有效支点，在深化农业供给侧结构性改革，加快构建现代农业产业体系、生产体系、经营体系，推进农业由增产导向转向提质导向，促进农村一二三产业融合发展，延伸农业产业链、价值链，提高农业综合效率和竞争力，带动现代农业及相关产业加快升级，促进乡村社会转型发展方面起到重要作用，成为推进供给侧改革的关键抓手。

　　在我国过去的小城镇建设过程中，人们侧重于通过产业发展拉动当地经济发展，较为忽视生态、景观环境的发展。这些小城镇发展往往是根据资源条件的不同做不同的产业选择，有的侧重于某种特色产业，比如制造业或者是有名目的农林产业等，另外一些则选择休闲产业或者旅游产业。随着新时期国民经济的发展，人民生活水平从温饱到小康，对生活环境的追求已经上升到了更高层次，城镇建设模式也自然从单纯追求经济发展的阶段过渡到追求经济、环境、生态、美观均衡发展的阶段。乡村本身具有良好的自然和人文景观，更是成了生活在钢筋混凝土丛林里人们的向往之地和从乡村走出来的人们热爱的故土。当下的民宿热、返乡热都不同程度地反映了人们对既有乡村自然景观又有较好配套设施的环境场所的青睐。

　　田园综合体模式就是在这样的时代背景下产生的，在发达城市的郊区、一些资源条件较好的小城镇或美丽乡村，构建一种综合开发项目，在推动当地经济产业提升和城镇化进程的过程中，实现经济发展、生态保护和文化保留等多重目标。

　　中国目前有 14 亿人口，按照国家的相关规划，到 2050 年实现 80% 的城镇化率来计算，未来我国仍然有 3 亿人口居住在乡村。在这样特定的发展环境下，中国乡村这一巨大的物质空间和中国农民这一大型社会群体，为田园综合体的发展提供了极为广阔的成长空间。21 世纪以来，中央连续 17 年将解决"三农"问题作为重要一号文件，提出"社会主义新农村"建设、"美丽乡村"建设、"特色小镇"建设、"田园综合体"建设等一系列措施作为解决"三农"问题的重要布局。关于乡村建设的政策和理念在不断更新，田园综合体作为一种创新理念和模式，在未来几年时间内会更加完善，甚至得到突破性的发展。

　　目前以农业综合开发为平台，综合施策建设田园综合体试点，包括生产、生活、生态、文化等多方面内容，本质在于"综合性"，农业综合开发的优势也在于"综合"，两者在内涵上是相互契合的。农业综合开发建设田园综合体试点，一方面，能够发挥农业综合开发的综合平台作用，通过打基础、强产业、优生态、扶主体、引科技等综合举措，全面提升田园综合体试点水平；另一方面，通过建设田园综合体试点，农业综合开发能够在更高的水平上发挥"综合"优势，从而继续保持自身的先进性和特色，为农业综合开发转型升级、创新发展打开突破口。建设田园综合体作为"三农"领域的重大政策创新，对于农业综合开发既是任务，又是挑战，更是难得的发展机遇。

　　本书在对田园综合体的概念来源、发展环境、发展现状进行扼要论述的基础上，实地调研了田园综合体相关的优秀案例，分析和总结了其建设模式、可借鉴经验及当下存在的问题，并从田园综合体发展的角度，在案例总结的过程中，对田园综合体的产业内容和产业发展方向进行研究，提出"田园综合体"产业体系的构建方法与模式，总结出了"田园综合体"项目的经营机制、盈利模式和运营实施的多种方法；从实际操作层面，提出了"田园综合体"项目的前期咨询、规划设计、项目落地的全过程服务内容。

　　本书的编撰团队近几年来在对美丽乡村、特色小镇、田园综合体建设的国家政策及相关理论进行深入研究的基础上，也参与了较多相关建设项目的工程咨询与规划设计实践，积累了相关的理论知识和实践经验，因此萌生了编制本书的念头。希望可以为国家乡村振兴战略实施的政府决策和乡村建设运营的切实落地提供些许智力支持，贡献绵薄之力。

中航长沙设计研究院有限公司
2020 年 8 月

目　录

第一部分　概念篇

第1章　田园综合体综述　/ 3

　1.1　田园综合体的概念与内涵　/ 3

　1.2　田园综合体的相关理论　/ 5

　1.3　田园综合体的构建要素及主体功能　/ 8

　1.4　田园综合体理论体系　/ 9

第2章　田园综合体发展环境分析　/ 12

　2.1　宏观经济环境分析　/ 12

　2.2　社会环境分析　/ 17

　2.3　政策环境分析　/ 23

第3章　田园综合体发展现状分析　/ 32

　3.1　发展态势　/ 32

　3.2　客群细分　/ 33

　3.3　前景分析　/ 33

第4章　田园综合体案例研究与分析　/ 35

　4.1　国外田园综合体的发展与借鉴　/ 35

　4.2　国内田园综合体的发展与借鉴　/ 46

　4.3　国内田园综合体发展中需要注意的方面　/ 70

第二部分 产业篇

第5章 田园综合体产业发展背景 / 77

5.1 我国乡村产业发展现存问题 / 78

5.2 新时代下的田园综合体产业体系 / 81

第6章 田园综合体产业体系分类 / 86

6.1 核心产业 / 86

6.2 支持产业 / 90

6.3 配套产业 / 92

6.4 衍生产业 / 95

第7章 产业体系构建方法与模式 / 97

7.1 主导产业选择 / 97

7.2 选址与规模确定 / 102

7.3 产业体系构建模式 / 106

第8章 实操案例——湖南株洲炎陵黄桃小镇概念规划 / 110

8.1 背景与意义 / 110

8.2 现状与基础条件分析 / 111

8.3 规划目标与定位 / 115

8.4 小镇产业体系构建 / 116

8.5 旅游发展规划 / 120

8.6 核心区规划设计 / 124

8.7 小镇发展现状 / 125

第三部分 运营篇

第9章 田园综合体项目运营 / 131

9.1 综述 / 131

9.2 组织主体架构 / 132

9.3 用地模式与来源 ／136

9.4 经营机制 ／139

9.5 投融资模式 ／145

9.6 盈利方式 ／147

9.7 运营实施 ／150

9.8 运营保障 ／154

参考文献 ／155

附录 国家级田园综合体及其相关项目实地考察照片 ／159

第一部分

概念篇

第 1 章

田园综合体综述

1.1 田园综合体的概念与内涵

1.1.1 田园综合体概念的提出

"田园综合体"出现的社会背景是当前我国社会主要矛盾已经转化为人民日益增长的美好生活需要和不平衡不充分的发展之间的矛盾。而最大的发展不平衡，就是城乡发展不平衡；最大的发展不充分，就是乡村发展的不充分。田园综合体作为乡村振兴的一种建设模式，区别于城市综合体而言，旨在以现代化手段，科学、生态、全面地建设新时代乡村，使之呈现出新的风貌。

"田园综合体"的最初概念，是在张诚等人发表的《新田园主义理论在新型城镇化建设中的探索与实践》一文中出现，该文认为"田园综合体"是其新田园主义理论的载体，又是新田园主义理论在中国乡村实践的产物，是旅游产业引导城乡一体化的乡村综合发展模式。

2017 年，基于国家大力发展乡村建设的时代背景，中央一号文件《中共中央 国务院关于深入推进农业供给侧结构性改革加快培育农业农村发展新动能的若干意见》将"田园综合体"放入国家层面提倡的特色村镇建设模式中正式提出，要求围绕有基础、有特色、有潜力的产业，建设一批农业文化旅游"三位一体"、生产生活生态同步改善、一二三产深度融合的特色村镇。支持有条件的乡村建设以农民合作社为主要载体、让农民充分参与和受益，同意建设集循环农业、创意农业、农事体验于一体的田园综合体，通过农业综合开发、农村综合改革转移支付等渠道开展试点示范。本书以2017年中央一号文件对"田园综合体"的设想及要求为依据展开研究。

1.1.2　田园综合体的内涵

田园综合体可以从以下三个方面来理解它的内涵：

一、田园综合体是新型乡村组织模式

田园综合体需要在乡村组织土地、产业、金融、科技、人才等多种资源。围绕第一产业的基础，发展特色手工、农产品加工、现代物流、农业旅游观光、创意农业等，打造产业链内循环，形成统一的管理平台，相互促进，在农业产业开发的基础上，实现一二三产联动开发。

二、田园综合体是生态综合规划区

田园综合体立足乡村，以生态为本，农业产业开发为基础，最终形成农业产业、文化旅游、田园社区三大板块联动发展的生态综合规划区，具有现代田园生活和传统农耕文化相结合的特点，呈现出产业兴旺、安居乐业、诗意盎然的乡村风貌。这种规划区以立足建设和发展乡村产业为根本，为当地群众发展现代农业提供新思路，在此基础上带动休闲旅游业的发展。

三、田园综合体是乡村综合发展平台

田园综合体是一个投资、建设、开发、运营、管理的综合平台，通过对这个平台的建设来描绘田园生活的美好画卷，实现城乡一体化和新型城镇化的社会目标。在田园综合体平台发展过程中重视挖掘地方文脉、地域特色艺术，使得田园综合体在乡村文脉的传承、乡村特色的展现中起到关键作用。田园综合体在适当的地方为乡村建设摸脉辨症，针对性地展开现状研究、整合资源、对症下药，打造新的乡村综合发展平台，成为带动当地经济社会全面发展的助推综合平台。

总而言之，田园综合体是以农业产业为基础，集农业、文旅、田园社区为一体，促进三产融合发展的综合发展模式，同时也是在城乡一体化格局下，顺应农村供给侧结构改革、新型产业发展，结合农村产权制度改革，实现中国乡村现代化、新型城镇化、社会经济全面发展的一种可持续性建设模式。

1.2　田园综合体的相关理论

1.2.1　霍华德"田园城市"

1902年，埃比尼泽·霍华德（Ebenezer Howard，1850—1928）在《明日的田园城市》著作中提出"田园城市"理论，其核心思想是"城乡一体化的生活"，把一切最生动活泼的城市生活优点，与美丽、愉快的乡村环境和谐地组合在一起。在"田园城市"理论中，霍华德着重强调三个方面：第一，"田园城市"的主体，是"人"而不是"物"。人是城市的灵魂，一个城市的建设应该以人为中心，对城市面积、人口布局、居民社区等做出精良规划。第二，"田园城市"的精髓，是城乡一体化。霍华德构想的"田园城市"是一种社会城市，也是一种城市簇群。它以乡村为背景，甚至乡村就是居民优美生活空间的一部分，人们可以步行到田园和农场。第三，"田园城市"的本质，是规划和推行各项社会改革。霍华德在田园城市中着重强调城乡之间的联系，提出适应现代工业的城市规划问题，是现代城市规划的开端，也成为国家综合体提出的规划理论依据。

1.2.2　新型城镇化

"新型城镇化"是在城镇化的基础上提出的。自党的十八大明确提出"新型城镇化"概念以来，"新型城镇化"已成为各方关注的焦点，城镇化未来将成为中国全面建设小康社会的重要载体，更是撬动内需的最大潜力所在。十八大之后编制的《国家新型城镇化规划（2014—2020）》提出，新型城镇化，指的是以城乡统筹、城乡一体、产业互动、节约集约、生态宜居、和谐发展为基本特征的城镇化，是大中小城市、小城镇、新型农村社区协调发展、互促共进的城镇化。新型城镇化，意味着跟以往传统扩张型的城镇化道路不同，重在提高城镇化质量。相对于传统城镇化而言，新型城镇化主要有四个方面的内涵：第一，新型城镇化是与工业化、信息化、农业现代化同步推进的城镇化。第二，新型城镇化是人口、经济、资源和环境相协调的城镇化。第三，新型城镇化是大、中、小城市与小城镇协调发展的城镇化。第四，新型城镇化是人口集聚、"市民化"和公共服务协调发展的城镇化。

根据《国家新型城镇化规划（2014—2020）》的发展目标，未来中国城镇化在规模和质量方面都需要提升。一方面，中国的城镇化率仍将提高，新型城镇化发展战略中设定的目标是到2020年，城镇化率要达到60%左右，大约有1亿农民将会转移到城镇。另一方面，新型城镇化将更加重视人的城镇化，突破城乡二元结构下的不完全城镇化。

1.2.3 "新田园主义"理论

"新田园主义"，发源于霍华德田园城市理论中"以人为主体、城乡一体化、推行社会改革"的理论体系。新田园主义是积极向上的"入世"态度，不仅强调人与自然的和谐，更要求人们主动去掌握环境、经济、社会的规律，并顺应自然。新田园主义在城乡关系、乡村规划、农业、教育、建筑、社区文化等方面提出主张，这些主张都是基于关心人自身、关心人与人的关系、关心人与环境的关系之上，鼓励人们勇于实践可持续的经济和全社会发展。在这一核心点上，新田园主义与新型城镇化建设理念不谋而合，因为新型城镇化新在"人的城镇化"，新型城镇化建设的核心价值是"以人为本"，所以新田园主义在一定意义上正是新型城镇化实践层面的指导思想和落地路径。新田园主义强调用旅游产业引导乡村的综合发展，就这一点而言，新田园主义又可作为当前中国乡村社会经济发展的一种实施导则。

1.2.4 美丽乡村

"美丽乡村"的概念是中国共产党在探索建设社会主义新农村的道路上提出来的，是新农村建设方式的一种。第十六届五中全会提出建设社会主义新农村应该达到"生产发展、生活宽裕、乡风文明、村容整洁、管理民主"等具体要求，"十一五"期间，全国很多省市按十六届五中全会的要求，为加快社会主义新农村建设，努力实现生产发展、生活富裕、生态良好的目标，纷纷制订美丽乡村建设行动计划并付诸行动，取得了一定的成效，特别是在人文和自然景观优美的村镇，例如浙江省安吉县、乌镇，江西婺源，云南和顺古镇等地方。

2013 年，国家(农业农村部)启动了"美丽乡村"创建活动，并于 2014 年 2 月正式对外发布美丽乡村建设十大模式，为全国的美丽乡村建设提供范本和借鉴。十大模式为：产业发展型、生态保护型、城郊集约型、社会综治型、文化传承型、渔业开发型、草原牧场型、环境整治型、休闲旅游型、高效农业型。全国的村庄都可以根据各自的自然资源禀赋、社会经济发展水平、产业发展特点以及民俗文化传承等条件建设美丽乡村。

1.2.5 特色小镇

特色小镇是在建设美丽乡村的基础上提出来的。2016 年 7 月，住建部、国家发改委、财政部联合发布通知，决定在全国范围开展特色小镇培育工作，提出到 2020 年培育 1000 个左右各具特色、富有活力的休闲旅游、商贸物流、现代制造、教育科技、传统文化、美丽宜居等特色小镇。

培育特色小镇的目的就是为了促进有资源条件和优势的区域更好地发展。特色小镇的建设就是针对一批有特色、有潜力的区域，打造特色鲜明的产业形态、和谐宜居的生活环境、活色生香的传统文化、便捷完善的服务设施，充满活力的竞争机制，从而有效带动区域经济社会的发展。

推进特色小镇规划建设，也是国家破解"三农"难题的有利举措。不仅有利于增强小城镇的建设和发展能力，加快城镇化进程，也有利于挖掘地方优势资源，发展壮大特色产业，促进城乡统筹发展。

1.2.6 田园综合体与新型城镇化、美丽乡村、特色小镇的关系

田园综合体是新型城镇化过程中的阶段性创新，它创新了新型城镇化的体制机制，可以提高以小城镇为中心的乡村地区经济活力，提高了小城镇人口的吸纳能力，是深入改善农村人居环境，提高农村公共服务支撑能力的重要抓手。

过去的十多年，从国家不断出台的乡村建设政策可以看出，社会主义新农村建设强调的是农村的道路、饮水、用电等基础设施工程的建设，美丽乡村建设强调的是农村基础设施、民居环境的进一步完善和乡村产业的发展，而特色小镇则强调的是以产业为导向的特色化发展之路，如今田园综合体强调的是农业、文旅与社区的一个产业和功能的复合，更侧重于农业、农村和农民的全面发展，田园综合体项目都要以农业产业为基础去做规划，以农业的种养殖、加工及流通等产业为基础，通过文旅和社区实现全面发展，特色小镇的建设则不一定要求以农业产业为基础。

从乡村振兴战略的角度来看，田园综合体将成为乡村复兴梦的核心动力；从城镇发展的角度来看，田园综合体将成为现代先进要素的集聚地；从乡村发展的角度来看，田园综合体将成为乡村资源整合的新样本；从涉农企业的角度来看，田园综合体将成为农业供给侧结构性改革新的突破口；从乡村旅游发展的角度来看，田园综合体将成为乡村旅游从观光体验向浸染互动跨越的新动能；从乡村地产开发的角度来看，田园综合体将成为乡村地产转型的强大动力；从精准扶贫的角度来看，田园综合体将成为农民脱贫的新模式；从乡村文化传承的角度来看，田园综合体可以为乡村文化提供良好的传承平台。以城带乡、以工促农、形成城乡融合发展的新格局，必须要有新的平台和新引擎，田园综合体是实现乡村现代化和新型城镇化联动发展的一种新模式。

由此可见，不管是过去的社会主义新农村建设，还是美丽乡村、特色小镇、田园综合体建设，都是根据时代发展特性而产生的乡村建设模式，结合了新时代特色的田园综合体以更成熟、更系统的模式出现，吸引了更多社会资本投入建设。

1.3 田园综合体的构建要素及主体功能

1.3.1 田园综合体的构建要素

一、农业

田园综合体以农业为基础，通过现代科技手段发展高效农业，提升传统农业发展水平，提高农业综合效益和现代化水平，建设内容可包含"现代农业产业园"+"休闲创意农业"+"社区支持农业"等农业相关要素。

二、文旅

文旅作为田园综合体的核心要素之一，承担着结合产业打造自然田园风光的功能，提供农业文旅和休闲度假产品，实现一产向三产的延伸，也是整个田园综合体发展的润滑剂。在这部分需考虑丰富多样的业态规划和功能空间的布置，特色的游览体验形成具有一定承载力的旅游度假目的地。

三、社区

社区作为产业配套区，既要满足商、农、工、旅人群聚集居住需求，还要满足公共配套和组织管理需要，是地方建设长久发展的核心要素，需根据地域特色文脉肌理营造新型社区。

1.3.2 "田园综合体"常见的主体功能

一、农业生产区

农业生产区是田园综合体的重要功能区域，是农业产业发展的载体。农业特色产业是田园综合体的核心，在产业发展良好、资源配置适当、产业服务链完善的基础上，农业生产区同时还可以开展生态农业示范、农业科普教育示范、农业科技示范等项目。

二、景观吸引核

景观吸引核是一个田园综合体项目吸引人流、提升土地价值的关键所在。围绕核心农业产业打造休闲旅游业，开发四季多时的特色景观，举办花季、果季的节庆活动，以此吸引游客。

三、休闲聚集区

休闲聚集区是为满足游客休闲娱乐需求而创造的综合旅游产品体系。业态形式根据各地资源条件和风土人情，可以包括度假酒店、康养基地、民宿、特色商业街、主题演艺广场、传统美食街、自然风光观赏点等。休闲聚集区使游客能够体验自然质朴的田园生活，了解当地风土人情，享受休闲农业带来的乐趣。

四、田园社区

田园社区是田园综合体迈向城镇化结构的重要支撑。通过产业融合与产业聚集，新居民的导入形成一定规模的区域人口规模，以此建设居住社区，完成人口结构、质量的提升，构建了城镇化的核心基础。

五、社区配套网

社区配套网是服务于农业、休闲产业、社区的金融、医疗、教育、商业等产业配套体系，由此形成城乡一体的公共服务配套系统。

1.4　田园综合体理论体系

1.4.1　体系建设理念

一、突出"为农"理念

坚持姓农为农，让农民广泛受益。鼓励和引导农民参与到田园综合体的建设过程，培训新型职业农民，强化涉农企业、合作社和农民之间的利益联结机制，带动农民从三产融合开发中广泛受益，打造新型现代化农民。田园综合体是解决"三农问题"的重要抓手，要走的是一条农民、农村、农业协同发展的现代化道路。

二、突出"融合"理念

坚持产业引领，三产融合。田园综合体体现的是各种资源要素的融合，核心是一二三产业的融合。一个完善的田园综合体应是包含了农、林、牧、渔、加工、制造、餐饮、仓储、金融、旅游等各行业的城乡复合体，要通过一二三产业的深度融合，带动田园综合体资源聚合、功能再造和要素融合，使得城与乡、农与工、生产生活与生态、传统与现代在田园综合体中相得益彰。

三、突出"生态"理念

坚持宜居宜业、"三生"统筹。生态是田园综合体的立足前提。要把生态保护的理念贯穿到田园综合体的内涵和外延之中，保持农村田园生态风光，保护好青山绿水，实现生态可持续发展。要建设循环农业模式，在生产、生活层面都要构建起一个完整的生态循环链条，使田园综合体成为按照自然规律运行的绿色发展模式。将生态绿色理念牢牢根植在田园综合体之中，始终保持生产、生活、生态统筹发展，使农村成为宜居宜业的生态家园。

四、突出"创新"理念

坚持因地制宜、特色创意。田园综合体要坚持因地制宜、突出地方特色，注重保护和传承当地文脉，避免移植、复制和同质化竞争。要立足当地实际，在政策扶持、资金投入、土地保障、管理机制上探索创新举措，积极发展新业态新模式，激发田园综合体建设活力。

五、突出"可持续"理念

坚持内生动力、可持续发展。建设田园综合体要以市场需求为导向，围绕推进农业供给侧结构性改革，集聚要素资源，激发内生动力，更好地满足城乡居民需要，健全运行体系，形成可持续发展的综合系统。

1.4.2 六大支撑体系

一、生产要素体系：夯实基础，完善生产体系发展条件

挖掘特色农业产业资源，建立优势资源充分发挥、产销服务链基本完善的生产体系，并加强田园综合体区域内基础设施建设，完善供水供电、废物处理、游客集散、公共服务等发展必备要素。

二、产业体系：突出特色，打造涉农产业体系发展平台

围绕田园资源和农业特色，做大做强传统特色优势主导产业，推动土地规模化利用

和三产融合发展，大力打造农业产业集群；稳步发展创意农业，利用"旅游＋""生态
＋"等模式，开发农业多功能性，推进农业产业与旅游、教育、文化、康养等产业深度融
合；强化品牌和原产地地理标志管理，推进农村电商、物流服务业发展，培育形成1—2
个区域农业知名品牌，构建支撑田园综合体快速发展的产业体系平台。

三、经营体系：创业创新，培育农业经营体系发展新动能

积极壮大新型农业经营主体实力，完善农业社会化服务体系；通过土地流转、股份
合作、代耕代种、土地托管等方式促进农业适度规模经营，优化农业生产经营体系，提
高农业效益；强化服务和利益联结，逐步将小农户生产、生活引入现代农业农村发展轨
道，带动区域内农民可支配收入持续稳定增长。

四、生态体系：绿色发展，构建乡村生态体系屏障

牢固树立"绿水青山就是金山银山"的理念，优化田园景观资源配置，深度挖掘农业
生态价值，完善农业景观功能和体验功能，凸显宜居宜业新特色；积极发展循环农业，
充分利用农业生态环保生产新技术，促进农业资源的节约化、农业生产残余废弃物的减
量化和资源化利用，实施农业节水工程，加强农业环境综合整治，促进乡村地区实现可
持续发展。

五、服务体系：完善功能，补齐公共服务体系建设短板

要完善区域内的生产性服务体系，通过打造适应市场需求的产业和公共服务平台，
聚集市场、资本、信息、人才等现代生产要素，推动城乡产业链双向延伸对接，推动农
村新产业、新业态蓬勃发展；完善综合体社区公共服务设施和功能，为社区居民提供便
捷高效服务。

六、运营体系：形成合力，健全优化运行体系建设

妥善处理政府、企业和农民三者关系，确定合理建设的运营管理模式，形成健康发
展合力；政府重点负责政策引导和规划引领，营造有利于田园综合体发展的外部环境；
企业、村集体组织、农民合作组织及其他市场主体要充分发挥发展运营中的作用；农民
通过合作化、组织化等方式，实现在发展中的收益分配、就近就业。

第 2 章

田园综合体发展环境分析

2.1 宏观经济环境分析

2.1.1 经济新常态，农业发展须承担更多的功能需求

回顾改革开放 40 年来，中国经济飞速增长，投资、出口、消费三驾马车功不可没，但不可否认的是，近年来三驾马车已经出现了需求疲软，中国经济面临下行的压力，尤其是依靠传统房地产业的地方经济增长缺乏动力。根据近十年来的经济数据显示，中国 GDP 增速从 2012 年起开始回落，2012—2017 年增速分别为 7.7%、7.7%、7.4%、6.9%、6.7%、6.9%，到 2018 年上半年的 6.8%，是经济增长阶段的根本性转换，意味着中国经济发展告别过去几十年平均 10% 左右的高速增长。

2014 年 5 月，习近平总书记在考察河南的行程中第一次提出了"新常态"，精准地反映了现阶段中国经济发展的时代特征，并在 2014 年 11 月的亚太经合组织（APEC）工商领导人峰会上首次系统阐述了"新常态"，其中重点提到中国经济新常态主要有以下几个特点：速度——从高速增长转为中高速增长；结构——经济结构不断优化升级，从粗放型向集约型发展；动力——从要素驱动、投资驱动转向服务业发展及创新驱动。这一论断深刻揭示了中国经济发展阶段的新变化，经济发展面临新局势。在经济

发展的新时期，农业作为国民经济的基础产业和第一大产业，需要承担更多的功能，也能够承担更多的功能。农业需要承担更多的功能主要体现在国家宏观经济发展的需求。

在新的经济发展背景下，近年来我国各地都制定了经济结构性调整发展的重大战略，明确提出推进农业转移人口市民化、优化城镇化布局和形态、强化产业支撑、提高城镇综合承载能力、推进新型城镇化建设等重点任务。这些重大战略都明确指出：加快现代农业发展，最大限度地创造供给和扩大需求，是完成这些重点任务的重要保证。发展现代农业能够提高农业的比较效益，使更多的社会资金投资农业，拉动农业生产资料市场需求，促进经济社会可持续发展。通过增加投资和拉动消费、加快调整经济结构步伐，转变经济发展方式，提高广大农民生活水平和消费能力，更好地带动全方位需求，推动经济科学而跨越式地发展。

而农业能够承担更多的功能是与现阶段农业发展所取得的成就密切相关的。一方面，农产品产量有保障。经过改革开放 40 年来的农业现代化发展，农业技术水平不断提高，农产品产量和质量连年提高，工业化和城镇化所需食品和农产品供应有了保障。随着人民生活水平的提高，天然、优质、安全的农产品市场空间正持续扩展。另一方面，传统农业向现代农业转变取得决定性的进展。农业发展已由传统的种植业、养殖业延伸到生产资料工业、食品加工业等第二产业和交通运输、技术、信息服务等第三产业，农业的功能从纯粹的农业生产向观光、体验、创意等方向延伸，假日农业、休闲农业、观光农业、旅游农业等新型农业遍地开花，构成一个围绕着农业生产的产业群体。农业的田间劳动大为减少，农业科教、农用工业、农业服务等岗位的就业量扩大。农业基础设施得到较大的改善。农业的净收益因得益于政府补贴和市场供需的价格调节而稳步走高。农民的各种社会保障逐渐完善，城乡一体化建设初见成效。

综上所述，在新常态下发展农村经济，必须牢牢把握新常态的总体特征和表现形式，顺势而为，坚定不移地加快转变农业发展方式，把农业尽快转到数量质量效益并重、注重提高竞争力、注重农业技术创新、注重可持续的集约发展上来，走产出高效、产品安全、资源节约、环境友好的现代农业发展道路。

2.1.2　传统农业园区发展模式固化，迫切需要转型升级

传统农业园区在我国整个农业经济发展乃至城镇化建设进程中起到重要作用，为农业技术推广、农业产业化经营提供了良好的发展平台。但随着经济的不断变革和产业转型发展，传统农业园区在功能和结构上亟须得到转型升级。

一、产业结构单一，产业链不完整

传统农业园区以农业产业化为主，产业结构单一，同质竞争显著，产品附加值和关联度低，导致不少园区土地产出收益入不敷出，土地利用模式粗放不集约，造成农业产业的产前、产中、产后的产业链整合不完整，其现状亟待改善。

二、基础设施落后，公共服务配套不足

随着时代发展，传统农业园的建设逐渐表现出与之不相适应的地方，如农业基础设施建设滞后，跟不上现代化农业发展的需求；园区周边公共服务设施短缺，跟不上园区综合发展的需求；与先进的科技结合较弱，导致农业产业化发展有限；与信息化发展结合不够，导致供需脱节。这些方面已经成为制约乡村地区可持续发展的短板。

三、传统乡村景观特色体现不够，景观环境品质较低

传统农业园区在开发建设过程中，仅从农业的角度考虑土地整合和产业经营，缺少乡村景观环境打造的整体思路，不能很好地体现乡村文化和原生态的田园景观，不利于乡村地区的可持续发展和转型升级。

四、休闲体验项目较少，旅游多样性需求缺失

传统农业园区在休闲体验项目上的常规项目主要是农产品采摘、休闲垂钓等围绕基础农产品展开的项目，在农业科普教育、手作体验、文创产品开发等方面的项目普遍缺乏，难以满足日益兴盛的乡村旅游多样性的需求。

综上所述，我国传统农业园区的发展迫切需要转型升级应对市场需求，现阶段必须进一步调整传统农业园区的产业结构，提升农业的增值增效空间，进一步完善园区的基础设施和配套设施，营造有特色的乡村景观环境和体验空间，构建多样化的乡村旅游体系，以创新驱动构筑现代农业园区发展的新根基。

2.1.3 农业供给侧改革，社会资本高度关注，田园综合体发展进入快车道

当前，中国农业正处于加速转型升级的初期。伴随产业升级、需求拉动、管理创新、技术进步，加上社会结构转型，将为中国农业持续发展带来前所未有的增长潜力和盈利空间。改革开放以来，中央政府连续出台了22个中央一号文件，各级政府不断加大"三农"的政策支持和财政投入，以"四补贴"和农产品目标价格制度为代表的农业支持保护体系不断健全完善，"工业反哺农业、城市支持农村"的格局正在形成；坚定不移地推进

以产权制度和户籍制度改革为基础的一系列农业农村基本经营制度和社会管理制度，都将在未来相当长时间内给中国农业带来政策红利和改革红利。

2015 年 10 月召开的中国中央农村工作会议首次提出了农业供给侧改革的概念。会议强调，要着力加强农业供给侧结构性改革，提高农业供给体系质量和效率，使农产品供给数量充足、品种和质量契合消费者需要，真正形成结构合理、保障有力的农产品有效供给。"农业供给侧结构性改革"这一全新表述，通过中国最高级别的"三农"会议，首度进入公众视野。

政府对农业领域扶持力度大，农业市场规模潜力大，农业投资收益率较稳定，农业投资具有广阔的前景。因此，政府资本、民间资本、外商资本等社会资本对现代农业的投资热情也持续增长。根据财政部 PPP 综合信息平台统计，截至 2019 年 8 月，全国 PPP 综合信息平台项目库累计入库项目 9036 个、投资额 13.6 万亿元。其中农业项目 101 个，投资额 850 亿元。项目类型除了传统农业层面的的养殖区、种植区、物流区、加工区、交易市场、基础设施等项目外，与休闲旅游、科技研发、生态修复、片区开发等融合开展的现代农业项目也占据了一定比例。

2.1.4 新土地政策的改革，为田园综合体的发展提供了良好的政策支持

我国长期以来实行城乡二元化的土地制度，农村的土地归农村集体所有，属于集体土地，城市土地属于国有土地。集体土地制度在土地的转让、抵押、租赁等方面有诸多限制，这已成为农村发展的桎梏。

十八大以来，伴随着乡村经济的不断发展，国家对乡村建设用地的政策也有了新动向，并在十九大报告中明确指出，"巩固和完善农村基本经营制度，深化农村土地制度改革，完善承包地'三权'分置制度。保持土地承包关系稳定并长久不变，第二轮土地承包到期后再延长三十年"。

2018 年 1 月，《中华人民共和国土地管理法（修正案）》[以下简称《土地法（修正案）》]上报国务院审议。对比新旧土地制度，新制度的先进性与优越性总体看来主要表现在以下几个方面：

一、土地征收制度方面——程序、机制更完善

（一）缩小土地征收范围

新《土地法》首次对土地征收的公共利益给予了明确界定，从而缩小了土地征收范围。

（二）在土地征收程序上，农民有更多知情权和监督权

新《土地法》相关条例将土地批后公报改为批前公报，强化在整个征地过程中被征地农民的知情权和监督权，限制地方政府滥用征地权。

（三）完善被征地农民保障机制

新《土地法》要求，用区片综合地价取代年产值倍数法。另外，在征地补偿的费用中增加了被征地农民的住房补偿和社会保障的费用；不再将农民居住的地方作为地上附着物进行补偿，而是作为专门的财产权明确给予公平合理的补偿，从法律上为被征地农民构建更加完善的保障体系。

二、土地承包方面——三权分置

"三权"分置即土地的所有权、承包权、经营权分置，所有权归集体，承包权归农户，经营权归实际经营者。在开展了土地承包权有偿退出的地区，这一改革措施对于有土地承包权的农民来说，是直接增加资金的一大有力举措；而对于合作社、农业公司等经营主体来说，获得土地经营权后，可利用土地经营权抵押贷款、土地经营权入股等多种方式为自己的产业增加资金和节约成本。

三、农村集体建设用地方面——消除了农村集体建设用地进入市场的法律障碍

现行土地管理法禁止农村集体建设用地直接进入市场流转，只允许由农村集体使用，投入宅基地、乡镇企业、乡村公共设施等公益事业建设。随着城镇化的发展，农村人口大量涌入城市，城市建设加速推进，城市建设用地日渐紧缺；而农村由于传统农业生产收益低，劳动力往大城市聚集，耕地荒废较多，农村存在大量闲置的建设用地。新土地法允许农村集体建设用地入市流转，是解决这一矛盾的有效举措。

此次修改的新土地法还规定国家建立城乡统一的建设用地市场，符合土地利用总体规划的集体经营性建设用地，集体土地所有权人可以采取出让、租赁、作价出资或者入股的方式交由用地单位和个人使用，取得的这些经营性土地使用权还可以转让、出租和抵押。

四、农村宅基地制度方面——保障和落实农民宅基地用益物权

坚持实行一户一宅的基本管理制度，增加了户有所居的规定，下放了宅基地的审批权，允许已经进城落户的农村村民自愿有偿退出宅基地，鼓励农村集体经济组织及其成

员盘活利用闲置宅基地和闲置住宅。

土地政策的修订为田园综合体的建设及乡村发展提供了坚实的政策支持，有效盘活了农村建设用地，为促进农村产业融合发展提供了坚实的基础，具体举措有：利用闲置宅基地和农房、宅基地制度改革试点、城乡建设用地增减挂钩试点节余指标扩大适用范围等。

城乡建设用地增减挂钩通过建设农村住宅小区集中安置农民，腾退宅基地，通过集约化利用土地达到土地指标的有效利用，但是拆旧和建新成本都很高，仅靠政府投入难以全面展开。国家支持和鼓励社会资本投资增减挂钩项目，企业以此获得投资回报，分享一部分新增建设用地指标，这已成为田园综合体项目获取土地的有效模式。城乡建设用地增减挂钩项目逐渐由单一政府主导向政府与社会资本多主体参与方式转变。

在乡村振兴战略的背景下，农村土地制度改革为"三农"问题的解决提供了基础保障。乡村发展离不开土地政策的支持，土地政策的持续改革将加快乡村振兴的步伐，也为田园综合体建设提供了用地保障。

2.2　社会环境分析

2.2.1　乡村发展现状——成为中国经济发展洼地

伴随着城镇化的快速发展，我国传统乡村的发展也存在诸多问题，主要体现在农村经济发展缓慢，农村资源利用率低，乡村特色、传统文化正在逐渐消失等方面。

一、农村经济发展缓慢

我国农村经济发展比较缓慢，主要表现在以下几个方面：

（一）农产品质量跟不上

随着我国经济水平的不断提高，农村经济发展中农产品的供给出现了供需方面的结构性矛盾。现阶段农产品在产量提高方面发展较快，但由于农业设施和技术发展水平的落后，质量提高较慢，导致其不能满足消费者对高品质农产品的需求。

（二）涉农资本投入不足

我国目前农村经济发展落后，与涉农方面的投资力度不足密切相关。一方面受到既有资金不足的限制，另一方面是农业投资缺乏吸引力。农业资本投入不足的原因是多方面的，既有经济规律的作用，也有实际国情的影响。近年来，随着政策倾斜加大，政府在农业领域投资力度逐渐增大，民间投资也大幅增长，这种情况会有所改善。

（三）农村产业结构调整滞后

当前农业结构调整主要局限于品种结构的调整，在农产品品质提升、产业链延伸、新产品开发等方面滞后于市场需求结构的变化，产品市场开发和产销协调环节较为薄弱。农产品科技含量低、附加值和竞争力低、流通渠道效率低又造成农产品价格倒挂问题，农民利润低、市民购买成本高的问题亟待解决。

（四）农民收入增长缓慢

中国经济发展进入新常态时期，传统农业经营效益下降，农业生产效率低导致产品成本高，大宗农产品产量的提高又进一步导致供大于求，导致滞销和利润低。近年来乡镇企业的萎缩又导致农村剩余劳动力增加，并进一步影响农民的收益，为农村社会的良性发展增添了不确定性。

二、农村资源利用率低，农村资产浪费严重

与城市相比，乡村的自然环境、农耕景象、历史文化遗产、传统民俗等都是比较珍贵的资源。但现实的情况是，在长期的发展过程中，由于保护利用意识薄弱和较低的经济发展水平的限制，这些乡村资源没有得到充分的利用，尤其在我国贫困的偏远乡村地区，还有许多优异的资源长期以来处于沉睡状态而未得到有效开发，致使这些地区仍然处于贫穷状态。改革开放以来，不少地方沿袭沿海地区的"招商引资模式"，不顾主客观条件的限制，盲目地大力发展工业和原材料业，致使良好的乡村自然环境和人文环境遭受不同程度的破坏，令人扼腕叹息。

此外，由于之前城市化的发展、宅基地制度本身的设计和运行缺陷，加上监管的不到位与传统文化的影响等因素，造成了大量的农村宅基地和房屋的闲置，并且已经形成相当的规模和比例。如果充分释放这批资源，将会增加更多的包括耕地在内的农业用地，也可以缓解城镇建设用地的短缺问题，并在一定程度上改变目前农村很多房屋因无人管理而墙倒屋塌、村容破败的现象。

三、乡村特色风貌及文化正逐渐消失

乡村文化是指人们在长期传统农耕生产方式的基础上，形成的物质文化、精神文化、制度文化或行为文化以及其他相关的文化形式。它反映了农民的思想文化、价值思维、交往方式或生活习惯以及宗教信仰等各种深层次心理结构状态。

在城镇化过程中，缺乏保护、盲目建设、拆古建新、过度商业开发等做法导致传统村镇特色消失，而大量古建筑的破坏、独特民俗和非物质文化遗产的消失则更令人痛惜。根据住房和城乡建设部统计数据，在过去几十年的工业化、城镇化过程中，传统村落大量消失，现存数量仅占全国行政村总数的 1.9%，有较高保护价值的传统村落现存不到 5000 个。

随着城镇化的发展，乡村生活方式和精神也发生了巨大的变化，"谁来种地"难题尚未破解。49.7% 的新生代农民工基本没有参加过农业生产且早已习惯城镇生活，缺乏种地意愿和技能。农村劳动力的缺乏和农业生产技术发展滞后导致农村出现耕地抛荒现象，严重的地区耕地抛荒比例接近 1/4。

乡村的特色和文化正逐渐淹没在城市的"钢筋混凝土"和村民千篇一律的"瓷砖住宅"之中。乡村的特色文化亟须通过产业的发展、村民的文化教育和发展来重新塑造和延续，而这是一个漫长而艰难的过程，在此过程中必须注意城乡发展的平衡态势，以城市和乡村均是承载幸福生活的人居环境为基本点，通过营造不同的生活模式来构建幸福生活。唤醒乡村社会对自然的敬畏及对传统文化的尊崇，使乡村成为承载田园幸福生活的伊甸园。

2.2.2　我国居民消费需求转变——休闲旅游市场潜力巨大

党的十八大以来，以习近平同志为核心的党中央高度重视扩大消费工作，在深入推进供给侧结构性改革的同时，适度扩大总需求特别是居民消费需求，提升消费能力，完善消费政策，推动消费升级，着力增强消费对经济发展的基础性作用。

《2019 年中国居民消费发展报告》指出，我国居民消费继续保持升级态势，但由于宏观经济下行压力导致增速放缓。总体来说，居民收入水平仍与 GDP 保持同步增长，报告中体现：实物类、服务消费类业态在不断进步，消费增长态势在稳健升级。

主要体现在以下几个方面：

一、消费需求量大。2019 年底，我国人口已经突破 14 亿，人均 GDP 达到 10276 美元，居民人均可支配收入首次突破 3 万元，达 30733 元，农村居民可支配收入实际增长 6.2%，快于城镇居民，城乡居民收入差距进一步缩小，收入的持续增加保证了居民消费的购买力，旅游从非常规消费过渡成居民日常消费的一部分。

二、消费时间充裕。随着《国民旅游休闲纲要》、带薪休假制度以及法定节假日的调整优化，城镇居民全年休假时间增加到 117 天，2020 年再次实施 5.1 劳动节小长假，全年加春节共三个长假、43 个周末，为休闲旅游提供了充裕的消费时间。

三、资源开发潜力大。我国乡村地区具有良好的景观资源和生态环境，绝大部分处于未开发的状态，未来旅游资源的开发必然伴随着城镇化发展，主要集中在农村地区，资源开发潜力大。

四、绿色消费升级。生活水平的提高以及生活方式的转变使得消费结构也发生明显变化，服务型、实物型消费需求量不断增大。由于食品安全、亚健康状态、生活压力等问题在各城市普遍存在，人们对田园野趣的大自然、生态有机的农产品、远离日常生活的传统民俗充满了向往和好奇，旅游消费从传统观光型旅游向乡村休闲旅游、森林康养、民宿度假、民俗体验等方面升级。

居民消费需求和消费方式的转变，也促进了乡村旅游和旅游扶贫的进展。近些年，旅游行业和农村地区的联系越来越紧密，据《2018 年中国居民消费发展报告》的数据显示，乡村旅游的推进，已经让旅游成了扶贫和富民的新渠道。据文化和旅游部统计，2018 年，国内旅游人数超过 55.39 亿人次，比上年同期增长 10.8%，人均出游已达 3.95次；其中乡村旅游达 25 亿人次，乡村旅游消费规模超过 1.4 万亿元。《2017 年中国居民消费发展报告》中提出，旅游的社会效益更加凸显，旅游带动大量贫困人口脱贫，很多地方的绿水青山、冰天雪地正在通过发展旅游转变为金山银山。

国家正继续深化供给侧结构性改革力度，大力促进全域旅游发展，推动旅游产品融合创新，落实乡村振兴战略，继续推进乡村旅游和旅游脱贫，优化旅游服务，同时合理引导旅游休闲消费需求。一方面要积极推动采摘园、农家乐、民俗游等传统乡村旅游产品提质升级，另一方面还要推动度假乡村、现代农业庄园等新业态新产品发展。

2.2.3 新型城镇化与乡村振兴——相互协调促进乡村发展

改革开放以来，伴随着工业化进程加速，我国城镇化经历了一个起点低、速度快的发展过程。根据国家统计网数据，1978—2018 年末，我国城镇常住人口从 1.7 亿人增加到 8.31 亿人，城镇化率从 17.9% 提升到 59.58%，年均提高 1.04 个百分点；城市数量由 193 个发展到 672 个，其中，地级以上城市由 101 个增加到 297 个，县级市由 92 个增加到 375 个，建制镇数量由 2176 个增加到 21297 个。京津冀、长江三角洲、珠江三角洲三大城市群，以 2.8% 的国土面积集聚了 18% 的人口，创造了 36% 的国内生产总值，成为带动我国经济快速增长和参与国际经济合作与竞争的主要平台。城市水、电、路、气、信息网络等基础设施显著改善，教育、医疗、文化体育、社会保障等公共服务水平明显提高，人均住宅、公园绿地面积大幅增加。城镇化的快速推进，吸纳了大量农村劳动力转移就业，提高了城乡生产要素配置效率，推动了国民经济持续快速发展，带来了社会结构深刻变革，促进了城乡居民生活水平全面提升，取得的成就举世瞩目。

如同其他国家曾经经历过的，我国快速的城镇化进程也带来了多方面的问题，主要体现在社会层面、经济层面、空间层面，也体现在人口层面、环境层面。面对现实中的问题，国家提出了一系列城镇化发展的导向性意见，如城乡统筹、健康城镇化和新型城镇化等。从这些概念的演进过程来看，从中央到地方，对于城镇化的理解有一个逐渐演进的过程；从初期关注于城乡关系，到关注于"城市病"，再到探索中国特色的城镇化道路，以及重视资源集约利用、环境友好、社会公平等，从实际来看，这些概念都是从不同方面基于中国城镇化曾经出现的问题或困境而提出的应对导引，其根本宗旨都是为了实现健康有序的城镇化和城乡协调发展。

党的十九大报告和2019年政府工作报告都把乡村振兴战略和解决农业农村发展问题提升到了前所未有的高度，同时强调提高新型城镇化质量，凸显了乡村振兴战略和新型城镇化的重要地位和重大意义。首先，农业农村问题事关新型城镇化成败，在一定意义上讲，没有农业农村的发展和农民生活条件的改善、生活质量的提高，新型城镇化就不是一个以全社会公平正义为价值取向的政策设计和制度安排，其效果要大打折扣。此外，解决农业农村问题，最根本的是要提高农业劳动生产率，推动农业剩余劳动力、其他农村进城工作人员等农村转移人口市民化，这也是新型城镇化所要解决的根本问题，没有农业转移人口的市民化，以人为核心的新型城镇化就难以真正实现。其次，乡村振兴支撑新型城镇化发展，农村产业发展和农业现代化是新型城镇化的有力支撑，推动乡村振兴的改革创新能为新型城镇化提供新的发展契机和条件。另外，新型城镇化加快乡村振兴进程，国内外城镇化历史表明，城镇化的过程就是城镇不断吸纳农业剩余劳动力的过程，是农业劳动生产率不断提高的过程。乡村振兴要求用现代工业、信息和管理技术等改造、提升农村传统产业，推动农村产业转型、升级加快一二三产业融合发展，推动农业现代化和农业社会化服务体系的建立，而这些技术主要在城镇中孵化和发展，新型城镇化带来的产业和技术进步将惠及农业农村发展。

作为实现乡村振兴的重要抓手与战略支点，田园综合体应是新型城镇化与休闲旅游经济两个领域发展的必经之路，将成为中国休闲农业和乡村旅游的战略转型方向。新型城镇化的核心是人的城镇化，是实现城乡基础设施一体化和公共服务均等化，促进经济社会发展，实现共同富裕。两个概念中，一个是具体的产业空间综合实体，一个是发展的持续过程状态描述，两者之间既有联系又有区别，相辅相成、互促共进、协调融合。

2.2.4 "逆城市化"背景——促进城乡融合发展

逆城市化的概念最早是美国地理学家波恩在1976年提出的，他解释道，在城市化概念被广泛推广的时代，逆城市化是基于城市化概念的基础上，一种新的城市发展模式。当西方国家的城市化发展到一定阶段，一系列的城市问题便会相应地凸显而出：环境污染、交通拥堵、犯罪增长，人们的生活压力增大，于是城市人口开始向郊区或者农村迁入，市区出现了"空心化"，以人口集中为主要特征的城市化由此发生了逆转。随着逆城市化的人口流动，迁入人群在新的居住地发展，完善居住及配套功能，最后形成新型的小城镇。

逆城市化是城市发展的一种较高级形态。城市化发展会经历初期阶段、中期加速阶段和后期成熟阶段，而逆城市化是当城市化发展到第三阶段后，城乡差距大大缩减后形成的一种自然现象。因此，当波恩的概念被提出后，"逆城市化"成为了城镇化发展进程中的一个新阶段，并且是出现在城镇化后期。通过对西方国家城镇化发展过程的相关数据研究分析，人们发现，当城镇化率大于70%，城市处于稳定发展阶段，此后城镇化增速会变缓慢甚至停滞，进而出现逆城市化现象。

根据中国近几年城镇化发展情况分析，中国的城镇化率基本在60%左右，远低于发达国家80%的平均水平，中国仍处于城镇化率30%—70%的加速发展区间，但在现实的中国城镇化进程中，已经不同程度地出现了"逆城市化"的现象。随着近几年国家各类惠农政策的出台，乡村振兴战略的提出，农村土地带来的利益不断增加，很多城市户籍的人口，希望通过"非转农"来分享发展红利，在浙江、江苏、江西部分地区，越来越多的农村籍毕业生将户口迁回农村，在农村发展。加上一些市郊拆迁项目增多，城市人群生活理念的改变，他们有了更多的休闲需求和对生活环境的需求，一些年轻白领人士，希望能够过上周末在农村田园风光里休闲的"五加二"式的生活，城市以外的发展也打开了新的局面。

其次，中国的逆城市化现象也有一定的制度因素。中国的土地制度具有特殊性，城市和农村土地制度不同，农村土地制度改革是逆城市化现象的驱动原因之一。近几年，农村土地制度不断深化改革，承包地"三权"分置制度逐步完善。在改革农村土地制度的背景下，2019年8月，十三届全国人大常委会第十二次会议审议通过《中华人民共和国土地管理法》修正案，对农村宅基地产权制度做出了重大修正。根据修正后的土地法，宅基地有偿退出、集体经营性建设用地入市的权限和条件都得到了重新确定，变得更加灵活而符合市场机制。这将赋予农村居民一笔可观的财产收入，还能刺激数量可观的城市资本下乡，为推进城乡一体化发展扫除制度障碍，促进小城镇的建设和发展。

再者，逆城市化作为城市发展的一种自我修复机制，其发展可以为城市近郊村镇带来巨大的发展机遇，在此基础上发展起来的小城镇和村庄又可以为中心城市提供自我优化、自我修复的创新平台，进而形成一种相互联动而又补充促进的发展机制。这便有效促进了中心城市空间结构的合理化，在产业发展方面，也促进了中心城市的产业优势聚集和带动效应，使城乡一体化达到一种和谐合理的空间格局和产业发展格局。

由此可见，从某种程度讲，当下中国"特色小镇"、"田园综合体"的兴起，正是"逆城市化"结果的具体表现。本文所提的"田园综合体"从本质上也是与"逆城市化"的发展趋势相融合的。我们要抓住机会，借势推动农村土地制度改革，将逆城市化现象变为助推中国新型城镇化的正能量。

2.3　政策环境分析

田园综合体政策自 2017 年落地以来，已经慢慢上升为国家战略。近几年，国家已逐步加大与田园综合体相关的建设工作，从申报到审批到建设，从国家层面到地方层面都出台了相关政策。田园综合体政策从本质上来说也是为了解决"三农"问题而提出来的，聚焦新时代乡村振兴发展、农业现代化、新型城镇化及乡村现代化发展。本节将解读分析促使田园综合体建设出现并发展的相关政策。

2.3.1　改革开放以来中央一号文件对"三农"问题的判断演变

新中国改革开放以来，中共中央总共颁布了 22 个涉农主题的"一号文件"，这 22 个一号文件均聚焦了"三农"问题，在响应国家大方针的前提下，通过诸多利农、惠农政策，顺应和指导农村改革，为农业发展和农村改革提供了顶层政策支持。

一、赋予农民经营自主权的 5 个一号文件

1982 年第一部"一号文件"主要是围绕农村发展旧问题的总结和新时期的部署进行探讨，放宽了农村政策，肯定了包产到户和包干到户的制度。

1983 年至 1985 年，中共中央、国务院每年颁布了一部关于发展农村经济的"一号文件"。在这些文件中，进一步将家庭联产承包责任制体系化，并从制定农产品统派购制度、调节产业结构、发展乡镇企业、推动小城镇建设、改善交通配套、促进人才流动、放活金融政策等方面来促进农村经济的发展。

1986 年，中共中央、国务院下发了第五个"一号文件"，即《关于 1986 年农村工作的部署》。文件对前几部"一号文件"进行了总结，肯定了农村改革方向的正确性。同时指出必须进一步贯彻实施农村改革的方针政策，抓住农业在国民经济中所占的地位，解决农业发展停滞、徘徊的问题。

新中国成立以来，第一次连续五年出台的中央"一号文件"，在对解放农村生产力，进行农村改革上进行了总体部署，在调动农民积极性、发展农村经济等方面发挥了巨大的促进作用。

二、多予少取——放活和统筹城乡发展的9个一号文件

2004年，时隔18年，中共中央出台《中共中央　国务院关于促进农民增加收入若干政策的意见》，作为第六个涉农主题的"一号文件"，同样以围绕农业发展和农村改革的问题为主题。主要针对那些年来，全国农民人均收入增长缓慢的问题提出政策意见。

自此至2012年，中共中央又连续发布了八个"一号文件"。从粮食生产到农民收入，都与时俱进地形成了政策创新，从科学发展、统筹发展的角度，以"三农"为工作重点，坚持"多予、少取、放活"方针，明确措施，统筹兼顾，注重可操作性，最终取得了显著成效。

三、致力于以改革激活农业农村发展之内在活力的5个一号文件

2013—2017年的中央一号文件以"改革发展"为主线，落实十八大"四化四步"的战略部署，致力于以改革促进农业农村的现代化转型。2013年中共中央出台《中共中央　国务院关于加快发展现代农业进一步增强农村发展活力的若干意见》，以建设集约化、专业化、组织化、社会化相结合的新型农业经营体系为措施，加强现代农业的建设。在接下来的四年时间里，2014年的"深化农村改革"，2015年的"加大改革创新"，2016年的"落实发展理念"、2017年的"农业供给侧结构性改革"，连续四年在中央一号文件中体现了加强"农业现代化"的实施措施。

四、谋划新时代乡村振兴顶层设计的3个一号文件

2018—2020年的一号文件是改革创新的一号文件，主要围绕"乡村振兴"主题开展部署工作。2018年，中央一号文件首次提出乡村振兴的战略目标任务：到2020年，形成基本的制度框架和政策体系；到2035年，农业农村现代化基本实现；到2050年，乡村振兴全面实现。2019年的一号文件要求优先发展做好"三农"工作，以"巩固、增强、提升、畅通"深化农业供给侧结构性改革，全面推进乡村振兴。2020年，一号文件提出要加快推进农村基础设施和公共服务设施的建设，促进农民持续增收，打赢脱贫攻坚之战，实现乡村振兴，最终实现全面建成小康社会的目标。

从上世纪八十年代5个一号文件，到新世纪党中央连续发布的17个一号文件，都将中国发展的重点聚焦在"三农"问题上。中央一号文件是具有统领性意义的，是新时代指导"三农"发展的纲领性文件，要求以全局性视野对开创新时代乡村振兴局面做好顶层设计。

表 2-1　中央一号文件一览表

序号	发布时间	文件标题
第一个	1982.1.1	《全国农村工作会议纪要》
第二个	1983.1.2	《当前农村经济政策的若干问题》
第三个	1984.1.1	《关于 1984 年农村工作的通知》
第四个	1985.1	《关于进一步活跃农村经济的十项政策》
第五个	1986.1.1	《关于 1986 年农村工作的部署》
第六个	2004.2.8	《中共中央　国务院关于促进农民增加收入若干政策的意见》
第七个	2005.1.30	《中共中央　国务院关于进一步加强农村工作提高农业综合生产能力若干政策的意见》
第八个	2005.12.31	《中共中央　国务院关于推进社会主义新农村建设的若干意见》
第九个	2007.1.29	《中共中央　国务院关于积极发展现代农业扎实推进社会主义新农村建设的若干意见》
第十个	2008.1.30	《中共中央　国务院关于切实加强农业基础建设进一步促进农业发展农民增收的若干意见》
第十一个	2009.2.1	《中共中央　国务院关于 2009 年促进农业稳定发展农民持续增收的若干意见》
第十二个	2010.2.1	《中共中央　国务院关于加大统筹城乡发展力度进一步夯实农业农村发展基础的若干意见》
第十三个	2011.1.29	《中共中央　国务院关于加快水利改革发展的决定》
第十四个	2012.2.1	《中共中央　国务院关于加快推进农业科技创新持续增强农产品供给保障能力的若干意见》
第十五个	2013.1.31	《中共中央　国务院关于加快发展现代农业进一步增强农村发展活力的若干意见》
第十六个	2014.1.19	《中共中央　国务院关于全面深化农村改革加快推进农业现代化的若干意见》
第十七个	2015.2.1	《中共中央　国务院关于加大改革创新力度加快农业现代化建设的若干意见》
第十八个	2016.1.27	《中共中央　国务院关于落实发展新理念加快农业现代化实现全面小康目标的若干意见》
第十九个	2016.12.31	《中共中央　国务院关于深入推进农业供给侧结构性改革加快培育农业农村发展新动能的若干意见》
第二十个	2018.2.1	《中共中央　国务院关于实施乡村振兴战略的意见》
第二十一个	2019.1.3	《中共中央　国务院关于坚持农业农村优先发展做好"三农"工作的若干意见》
第二十二个	2020.1.2	《中共中央　国务院关于抓好"三农"领域重点工作确保如期实现全面小康的意见》

2.3.2 现有中央及地方相关政策梳理

一、中央层面的政策脉络

2017 年，在中央"一号文件"首次从国家层面提出了"田园综合体"的概念后，国家逐步加快推进田园综合体的建设，并出台了一系列政策。2017 年 5 月，财政部发布了《关于田园综合体建设试点工作的通知》，确定了河南、河北、湖南、广东、广西在内的 18 个省份作为田园综合体试点所在地，每个省份可以开展 1—2 个试点。2018 年一号文件对乡村振兴战略的实施进行了全面部署，而田园综合体毫无疑问将成为乡村振兴的重要支点、精准扶贫的新模式。2019 年 6 月 28 日，国务院进一步为乡村振兴提出指导意见，并确定了其基本原则和目标任务，其中涉及到的鼓励一二三产融合发展、跨界配置农业和现代产业、依托田园风光和乡土文化发展优势乡村产业等与田园综合体建设一脉相承。

总体来说，建设田园综合体是推动农业供给侧结构性改革、培育农业农村发展新动能、构建宜居宜业特色小城镇、优化村镇结构系统和产业组成的重要举措。国家对田园综合体政策的实施，也是一步一步将田园综合体落地到实际建设中，能够让农民充分参与和受益的过程。笔者收集整理了自 2017 年一号文件颁布以来，中央层面出台的主要涉及到田园综合体的政策，详见表 2 – 2。

表 2 – 2　中央层面涉及田园综合体政策汇总

发文时间	发文机构	文件名与发文字号	意义或要点
2017 年 2 月	中共中央 国务院	《中共中央　国务院关于深入推进农业供给侧结构性改革加快培育农业农村发展新动能的若干意见》（中发〔2017〕1 号）	支持有条件的乡村建设以农民合作社为主要载体，集循环农业、创意农业、农事体验一体的田园综合体，通过农业综合开发、农村综合改革转移支付等渠道开展试点示范
2017 年 5 月	财政部	《关于开展田园综合体建设试点工作的通知》（财办〔2017〕29 号）	明确重点建设内容、立项条件及扶持政策，确定河北、山西、内蒙古、江苏、浙江、福建、江西、山东、河南、湖南、广东、广西、海南、重庆、四川、云南、陕西、甘肃 18 个省级行政单位开展田园综合体建设试点

续表 2 - 2

发文时间	发文机构	文件名与发文字号	意义或要点
2017 年 6 月	财政部 农业部	《财政部　农业部关于深入推进农业领域政府和社会资本合作的实施意见》（财金〔2017〕50 号）	以加大农业领域 PPP 模式推广应用为主线，优化农业资金投入方式，加快农业产业结构调整，改善农业公共服务供给，切实推动农业供给侧结构性改革
2017 年 6 月	财政部	《关于做好 2017 年田园综合体试点工作的意见》（财办〔2017〕29 号）	在内蒙古、江苏、浙江、江西、河南、湖南、广东、甘肃 8 个省份开展试点工作，各试点地方要按照"政府引导、市场主导"的原则，选择农民合作组织健全、农业龙头企业和新型农业经营主体带动力强、农村特色优势产业基础较好、生产组织化程度较高、区位和生态等资源环境条件优越、核心区集中连片、开发主体已自筹资金投入较大且自身有持续投入能力、发展潜力较大的片区，开展乡村田园综合体试点工作
2017 年 6 月	财政部	《关于印发〈开展农村综合性改革试点试验实施方案〉的通知》（财农〔2017〕53 号）	推进农业供给侧结构性改革，有效释放改革政策的综合效应，为进一步全面深化农村改革探索路径积累经验
2017 年 6 月	国家农业综合开发办公室	《国家农业综合开发办公室关于开展田园综合体建设试点工作的补充通知》（国农办〔2017〕18 号）	重点支持河北、山西、福建、山东、广西、海南、重庆、四川、云南、陕西 10 个省级行政单位开展田园综合体建设试点，每个试点区域安排试点项目 1 个
2017 年 6 月	国家农业综合开发办公室	《关于做好 2018 年农业综合开发产业化发展项目申报工作的通知》（国农办〔2017〕21 号）	立足本地实际，把扶持农业优势特色产业发展同农业综合开发高标准农田建设特别是高标准农田建设模式创新试点、田园综合体建设试点、特色农产品优势区和农业产业园建设等有机结合起来，形成推动现代农业产业发展的合力
2017 年 8 月	国家发展改革委 农业部 工业和信息化部 财政部 国土资源部 商务部 国家旅游局	《关于印发国家农村产业融合发展示范园创建工作方案的通知》（发改农经〔2017〕1451 号）	要求各地按照当年创建、次年认定、分年度推进的思路，力争到 2020 年建成 300 个农村产业融合发展示范园，实现多模式融合、多类型示范，并通过复制推广先进经验，加快延伸农业产业链、提升农业价值链、拓展农业多种功能、培育农村新产业新业态

发文时间	发文机构	文件名与发文字号	意义或要点
2018 年 1 月	国家发展改革委 农业部 工业和信息化部 财政部 国土资源部 商务部 国家旅游局	《关于印发首批国家农村产业融合发展示范园创建名单的通知》（发改农经〔2017〕2301 号）	作为业内公认的实行乡村振兴的可操作样本，田园综合体成为国家实行振兴乡村的主要措施
2018 年 2 月	中共中央 国务院	《中共中央　国务院关于实施乡村振兴战略的意见》（中发〔2018〕1 号）	提出实施乡村振兴战略。未来几年，田园综合体、特色小镇将和龙头企业、特色种养产业一样，成为乡村崛起的重要业态支撑，为乡村振兴助力
2019 年 6 月	国务院	《国务院关于促进乡村产业振兴的指导意见》国发〔2019〕12 号	提出乡村产业振兴要因地制宜、突出特色。依托种养业、绿水青山、田园风光和乡土文化等，发展优势明显、特色鲜明的乡村产业，更好地彰显地域特色、承载乡村价值、体现乡土气息。跨界配置农业和现代产业要素，促进产业深度交叉融合，形成"农业＋"多业态发展态势。力争用 5—10 年时间，使农村一二三产业融合发展增加值占县域生产总值的比重实现较大幅度提高，乡村产业振兴取得重要进展

二、地方层面代表性政策

近年来，在中央政府的主导和推动下，地方政府对推动田园综合体发展也采取了多种措施，来鼓励民间力量建设田园综合体，实际推进过程中由于经济社会发展水平等方面存在差异，各地区在探索田园综合体建设上的政策实施广度和强度都有所不同。

1. 河北、江苏

在田园综合体试点工作上，河北省和江苏省出台的政策在指导层具有相通性。2017年6月，河北省农业综合开发办公室印发了《田园综合体建设试点优选工作实施方案》；2017年8月，江苏省财政厅下发《关于开展田园综合体建设试点工作的通知》。两个文件都强调建立以农民专业合作社为基础的农民参与体系，通过加大对农村环境风貌的整治，加强乡村基础设施建设，来提供产业支撑；通过农业产业多元化、文化旅游的导入，实现农村生产生活生态"三生同步"、一二三产业"三产融合"、农业文化旅游"三位一体"的新局面，最终实现农业的增产增效，提高农民收入，美化乡村环境，推动农村经济社会全面发展。

2. 山西

山西省结合自身农业产业发展实际情况，在 2017 年 7 月由山西省财政厅下发了《山西省财政厅关于开展田园综合体建设试点工作的通知》。该通知是对财政部文件的延续，统筹安排了田园综合体的具体申报工作。

3. 内蒙古自治区

内蒙古自治区的田园综合体试点建设是由自治区财政厅牵头的，提出了立项的基本条件，即选择优质的、有产业基础、有特色、有潜力和规模的乡镇，在优先开展美丽乡村建设的基础上，形成 3—5 个村连成片的特色农业产业以及文化集群。

4. 浙江

2017 年 7 月，浙江省农业综合开发办公室《关于印发浙江省 2018 年农业综合开发产业化发展项目申报指南的通知》，要求通过发展农业相关特色产业，来补齐农业产业短板，构建全价值产业链，打造优势特色的农业产业集群。加大社会资本投入的补息和补助支持，通过扶持农民合作社、农村企业、农场庄园和农业大户，培育新型的农村产业发展经营主体。

5. 福建

2017 年 6 月，福建省财政厅下发《关于申报农业综合开发田园综合体建设试点项目有关事宜的通知》，提出了省内申报田园综合体的条件以及目标，即在 2017 年打造一个国家级试点项目，两个省级试点项目。这些项目申报后，会放宽相关条款，并参照通知提供补助。

6. 江西

2018 年 1 月，江西省印发了《江西省休闲农业和乡村旅游产业发展工程实施方案》。方案提出了发展休闲农业和乡村旅游的具体目标，即到 2020 年，建设 50 个田园综合体，并构建了全省休闲农业特色产业的区域格局。

7. 山东

山东省未出台相应的政策措施，而是根据国家《财政部关于开展田园综合体建设试点工作的通知》，在 2017 年，由省财政部门牵头，由委托的第三方机构来对全省上报的田园综合体项目进行评选，以竞争立项的方式来确定入选项目。

8. 河南

2017 年 7 月河南省制定了《河南省财政厅开展田园综合体建设试点工作实施方案》。2019 年，河南省财政厅下发了《关于开展 2019 年田园综合体建设试点工作的通知》。从这两个文件来看，河南省围绕试点范围、试点条件、试点内容以及扶持政策进行了部署。

9. 湖南

2017 年 8 月，湖南省获财政部批复，确定为田园综合体和农村综合性改革"两项试点"省份。方案确定在浏阳市、衡山县启动建设国家级田园综合体试点，在新化县、汝城县启动建设省级田园综合体试点。

10. 广东

2017 年 6 月 21 日，广东省财政厅、农业厅、省委农村工作办公室联合下发《关于做好田园综合体试点申报的通知》，2019 年，广东省农业农村局下发《关于做好 2019 年田园综合体试点项目入库相关工作的通知》。在 2017 年对田园综合体的申报提出了建设要求和建设内容，要求"选择 2 个县（市、区）成为国家田园综合体建设试点，每个试点选取 1 个片区，可集中成片打造"。在 2019 年的文件中，特别对扶持政策进行了具体部署。

11. 广西壮族自治区

2017 年，广西壮族自治区政府下发《广西壮族自治区人民政府办公厅关于印发广西田园综合体创建方案的通知》，通知确定了田园综合体创建工作的总体要求、基本条件和政策支持。2018 年，广西财政厅印发《关于自治区田园综合体试点项目申报有关事项的通知》，进一步明确了试点项目的规划范围和建设方向，同时要求严格把关试点项目的申报条件。

12. 海南

2017 年，海南省农业综合开发办公室针对《国家农业综合开发办公室关于开展田园综合体建设试点工作的补充通知》，提出了建设田园综合体的创建方案、扶持政策和编制规划要求。在 2018 年，省财政厅下达了《2018 年中央和省级财政农业综合开发补助资金的通知》，安排资金建设田园综合体试点项目。

13. 重庆

2017 年 8 月，重庆市发布《重庆市推进田园综合体试点建设的思考》。文章分析指出了重庆开展田园综合体建设试点的优越条件，谈论了重庆开展田园综合体建设试点的基本思路和具体打算，要求以政府引导，市场开发为原则，以"生产、生活、生态"体系建设为路径，推动农业农村发展新格局。

14. 四川

四川省都江堰"天府源田园综合体"是全国首批 15 个国家级试点项目之一，2017 年，成都市出台《成都市都江堰国家农业综合开发田园综合体建设项目规划（2017—2019）》，要求通过田园综合体的建设，打造完善的三产融合发展体系。

15. 云南

2017 年 10 月，云南省发布《云南省 2018 年农业综合开发产业化发展项目申报指南》，对田园综合体申报范围、扶持政策以及具体申报要求做了全面部署。对贷款贴息、财政补助的相应条款做了说明，对申报单位的条件做了要求。

16. 陕西

2017 年 7 月 17 日，陕西省财政厅发布了《陕西省 2017 年田园综合体建设试点项目竞争立项结果公示》，以竞争立项为原则，公布陕西省拟建设的田园综合体项目。

表 2 - 3　国家层面田园综合体试点政策解读

扶持方式	三年规划、分年实施
试点省份	河北、山西、内蒙古、江苏、浙江、福建、江西、山东、河南、湖南、广东、广西、海南、重庆、四川、云南、陕西、甘肃（2017 年 18 个省级行政单位）
试点数量	每个试点省份安排试点项目 1—2 个
扶持资金	中央财政从农村综合改革转移支付资金、现代农业生产发展资金、农业综合开发补助资金中统筹安排，在不违反相关政策的前提下，试点项目资金和项目管理具体政策由地方自行研究确定；各试点省份、县级财政部门要统筹涉农政策，采取资金整合、先建后补、以奖代补、政府与社会资本合作、政府引导基金等方式支持开展试点项目建设；经财政部年度考核评价合格后，试点项目可继续安排中央财政资金；而试点效果不理想的项目将不再安排资金支持
试点立项七大条件	功能定位准确、基础条件较优、生态环境友好、政策措施有力、投融资机制明确、带动作用显著、运行管理顺畅

第 3 章

田园综合体发展现状分析

3.1 发展态势

从 2017 年中央一号文件第一次提出"田园综合体"概念，到 2018 年提出"乡村振兴"战略，可以看出，实施农村产权制度改革，打造乡村旅游、休闲农业、田园社区于一体的复合型发展模式，是实现"乡村振兴"的主要途径，而田园综合体作为这一平台，可以有效地将这些想法落地实现。

2017 年 6 月下发的《国家农业综合开发办公室关于开展田园综合体建设试点工作的补充通知》，对于田园综合体开展的试点范围及资金安排做了详细说明。文件指出"国家农业综合开发重点支持河北、山西、福建、山东、广西、海南、四川、云南、陕西 10 个省份开展田园综合体建设试点，每个试点省份安排试点项目 1 个。2017 年，河北、山东、四川等粮食主产省安排中央财政资金 5000 万元，山西、福建、广西、海南、云南、陕西等非粮食主产省安排中央财政资金 4000 万元。2017 年试点项目资金从 2017 年第二批中央财政农业综合开发转移支付资金中统筹安排"。

2017 年第一批国家田园综合体试点项目包括以下：河北花香果巷、山东朱家林的"田园客厅"、山西襄汾县"棉麦之乡"、陕西耀州区田园综合体、重庆"三峡橘乡"、云南"保山美地"、广西

"美丽南方"以及海南"丝绸海路"。而从实地考察的总体情况来看，到 2018 年为止，第一批国家级田园综合体已经完成总体的规划编制，进入如火如荼的建设和发展中期。许多田园综合体的部分园区已经对外开放，一些以原有特色小镇为依托发展起来的田园综合体更是发展迅速。而从 2018 年开始，由于国家机构改革，加之总结出了 2017 年第一批田园综合体建设中出现的一些问题，因此，2018 年未批准新的田园综合体建设名额。

3.2 客群细分

田园综合体项目因其田园的特定性质锁定了相对固定的客群，又因其综合性使得客源多样化。田园综合体集农业观光、休闲农业、田园风光和田园文创于一体，既能满足城市旅游者回归大自然的需求，也能为乡村带来现代化文创空间体验，其主要客群如下：

1. 乡村度假游的城市青壮年群体：利用周末及假期度假，远离城市喧嚣来放松身心，对于现代年轻白领具有较强的吸引力。

2. 观光体验乡村文化的研学团体：如今，研学旅游已经成为旅游业发展的一大新趋势。青少年作为研学旅游的主体，在旅游的过程中可以增长见识、丰富视野、提高自身的综合能力，因此，青少年是该旅游市场的潜力客源。

3. 返乡怀旧的中老年群体：中国很多城市居民都来自乡村，这类群体的数量非常大，面对着日益现代化的生活环境，他们非常想念农村朴素的田园风味，渴望回归故地。另一方面，由于历史原因，有很多乡村旅游区的建设主体，就是曾经"上山下乡"的知识青年，他们不但作为建设主体，同样也作为吸引主体，能够吸引一些高消费能力的老知青故地重游。

4. 近水楼台的农民群体：田园综合体置身于农村，农业产业的现代化和创新性对广大农民来说具有一定的吸引力。文创板块对乡村群体也极富新鲜感，社区板块是乡村群体改善居住条件提升生活品质的重要途径，这个市场也具有极大的挖掘潜力。

3.3 前景分析

田园综合体作为一种可以将多业态融合发展的旅游新业态，极具经济价值，未来能带动越来越多的相关产业发展，经济联动前景十分可观。

首先，田园综合体区别于一般的制造业，它通过充分挖掘和利用当地的文脉、历史和居民生活等方面的资源，形成具有乡村特质的产品和产业。待田园综合体达到一定规模后，他们会通过总结经营过程中的错误，不断进行修正，从而形成符合当地特色的产业机制。同时，田园综合体还会通过开发当地特产和完善管理机制来达到经营上的创新，从而吸引城市人口来到乡村，进而带动各种资源进入乡村，产生一系列连锁效应，如农技谚事和民俗表演、传统餐饮等传统文化精华也都将被激活，转化为新时代里乡村的物质财富和精神财富。

其次是有利于延伸产业价值。田园综合体是建立在一产的基础上，融入二产和三产，将种植畜养与销售加工联结成环链，打造出基于农业生产的复合体。在这个复合体中，各个产业相互支撑又各自独立，形成全面发展的格局，且每个产业在互促互利中得到整体提升。

其三是引导区域发展的助推器。一个田园综合体的建设涉及到农业、加工、娱乐、购物等环节，同时由于产品的延伸，还会产生医疗、健康、养生、研学等方面的消费。产业链的扩展会大大增加其辐射半径，带动效应逐渐放大。

其四是促进产业的升级与创新。现代化的技术手段逐渐向田园综合体延伸，涵盖了一系列新型产业和业态，加上与工业以及旅游业的融合，又会形成农业工业化和农业休闲化。产业的边界逐渐消失，再加上人才的聚集、技术的支持、政策的引导，新的产品业态将逐渐替代传统的以原始农业为主的单一形态。

其五是乡村振兴的助力器。在倡导乡村振兴的今天，解决农民增收的问题是首要问题。传统的农民只能依靠生产固定的无差异化的产品来获得收益，这便导致其无法避免面临价格的竞争。而田园综合体的打造，可以不断地扩张市场，农民能够依靠特色的农产品、独特的旅游资源以及乡村文化体验避开价格和成本的恶性竞争，依靠差别化经营和创新化产品增加额外收入，成为乡村振兴的主力。

第 4 章

田园综合体案例研究与分析

4.1 国外田园综合体的发展与借鉴

国外无"田园综合体"这个名词，但有类似发展得较为成功的经济模式，以下以澳大利亚、加拿大和日本等国家的类似项目为例进行研究分析。

4.1.1 澳大利亚猎人谷

一、猎人谷简介

猎人谷位于澳大利亚新南威尔士州，距悉尼市区约两小时车程。猎人谷属于山谷丘陵地带，纵深约 190 公里，总面积达 29145 平方公里。猎人谷生态环境和水土气候绝佳，酒庄和酒窖共有 120 多个，其出产的葡萄酒在当地和国际上都享誉盛名。猎人谷产业体系十分丰富，主要产业有红酒制造业、多元农业、康养健身业、旅游度假业等，是一个典型的葡萄酒产业集群的田园综合体。

二、猎人谷总体特征

（一）以产业带动为基本，树立鲜明的目的地品牌形象

猎人谷葡萄酒产业历史悠久，区内多老牌酒厂和葡萄园，每

个酒庄都有自己的品酒室和农副产品展销，有的还附带特色餐厅，供游客享用美酒和美食。

猎人谷的主要吸引客群为距离较近、人口密集、经济繁荣的悉尼市区居民，以及有高端美酒品鉴购买需求的国际美酒爱好者。猎人谷抓住目标都市人群想要逃离高压的工作环境、抛开纷杂的城市烦恼、放松身心、缓解压力的心理诉求，打造供都市人向往的"忘忧之旅"，并以"忘忧供货商"为本地品牌形象，对外进行推广与宣传，也由此获得旅游者的极度好评，猎人谷迅速成为澳大利亚乃至全球农业产业旅游类"忘忧游"的代名词。由此带来的品牌先行者优势令本地区受益匪浅，极大地提升了旅游度假产业的整体价值。

（二）全方位、多样化的交通方式

交通便捷是旅游业发展的重要影响因素，猎人谷便捷的外部交通和多样化的内部交通也成为促进其发展的重要因素。

外部交通：猎人谷地区与悉尼地区间有便捷的高等级公路、铁路、直升机，可从悉尼直达猎人谷，外部交通快速便利。

内部交通：内部交通体系具有显著的旅游度假地"慢悠"、"趣味"和"多样"特征，表现为水陆空立体交通体系与慢节奏非机动体系相结合的交通方式，使交通兼具游览和健身功能。游客可选择多种交通工具游览猎人谷美景，内部的田园特征交通方式丰富多样，如自行车骑行、骑马、皮划艇、四驱车、徒步、蒸汽火车、热气球、直升机等，使交通体系本身成为旅游吸引物。

（三）特色化的住宿体系

猎人谷地区的住宿设施具有多元化特征，体现出"细分化"和"特色化"倾向，满足了客人住宿选择上的差异需求。

表 4-1　猎人谷住宿产品类型

住宿类型	特征
酒庄旅舍（B&B）	依托酒庄房舍，由业主自主经营，多保持传统风貌，基本房价内仅提供简单卧室家具和早餐服务，相当于高端农家乐
高级度假村	独立或组团式建筑，结构、用材等体现设计感和高品质，内部装修和设施豪华，能为高端客户提供完善优质的住宿服务

住宿类型	特征
小型精品酒店	具鲜明设计感的标志性建筑，结构、用材等不惜成本，通过构建内外部景观来营造私密感与舒适度，设施、服务均属顶级
高级租住屋	高级公寓或别墅式建筑，外观具独特风格，识别性强，内部生活设施配备完善，为来访的家庭居者提供温馨感受
私有度假物业	各类风格的别墅式或公寓式建筑，为私人拥有，进行个性化的景观营造和装饰装修，供私人度假使用

（四）餐饮服务体系

猎人谷地区的餐饮选择也是多样化的，主要以葡萄酒为特色，同时在食物搭配上注重葡萄酒与各类食物的搭配，如香槟配生蚝，让香槟温润顺滑的口感与生蚝的海鲜风味形成良好的互动，让游客品尝到不同酒的独特之处。各处餐饮场所的藏酒都各有特色，或种类齐全，或专注于某种品牌，可满足酒客们多样化的需求。

猎人谷除了葡萄酒产业外，其优质发达的农耕产业也为猎人谷餐饮业提供了多样化的特色食材，如奶酪、熏肉制品、橄榄和橄榄油、淡水湖鱼、辣味葡萄酱、新鲜酿酒葡萄等。当地厨师利用这些原生态食材设计了一系列"猎人谷菜系"，将美食与美酒相搭配，充分调动食客的味觉，深化游客对本地特色农产品的认知度与接受度。因此，本地的餐饮服务场所成为本地特色农场最主要的体验式营销推介平台和购物情绪培养场所。

此外，猎人谷还设有多种与美食相关的课程培训，如私人奶酪鉴赏课，葡萄酒品酒、鉴识和酿酒课程，糖果制作课等。创新品牌菜系，拉长消费链，成为猎人谷繁荣餐饮业的重要方式。

（五）完善的游乐活动体系

猎人谷充分利用本地生态品质优势，设置了完善的并满足游客细分化需求的游乐活动体系。主要包括以下几个种类：

1. 酒庄葡萄园观游

猎人谷大面积葡萄园为游客提供游览与美酒制作等多种体验。游客可选择热气球、骑马、自行车、步行等多种方式游览葡萄园美景，同时可参观红酒制作过程并体验自制属于自己的个性化美酒。另外还有多种田园特征的农业体验活动可供选择，如试驾农耕器具、亲密接触牲畜幼崽、奶酪制作、利用麦秆制作手工艺品等。

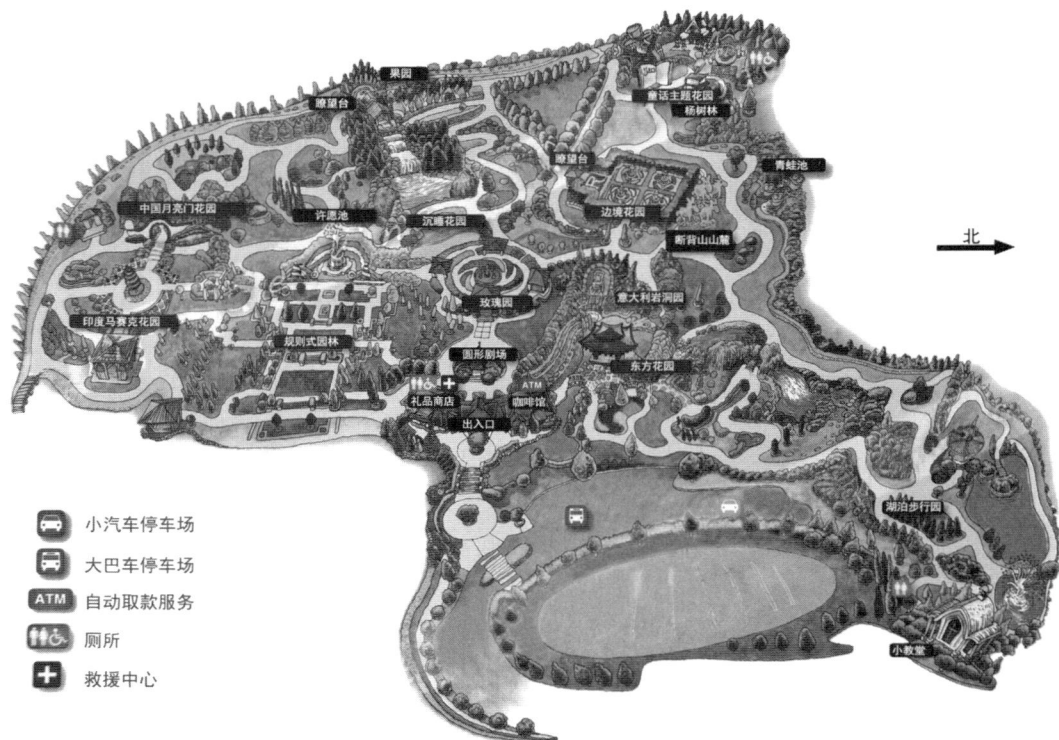

图 4 - 1　猎人谷植物园

2. 多样化山地、草地运动

猎人谷的山地运动以其多样性及亲近自然为主要特色，包括山地自行车、马术骑行、狩猎、皮划艇漂流、滑翔伞、热气球、徒步等。其路线设计上采用统一的黄色标识牌，方便游客自由选择路线与住宿地点。猎人谷的草地运动以高品质的高尔夫球场为主，吸引无数高尔夫球运动爱好者慕名前来体验。

3. 植物园生态体验

猎人谷公园位于该区中部，内部共设有 12 处独立园区，每个园区景观造景、植物物种和主题活动都各具特色，如东方花园、印度马赛克花园、意大利岩洞园、规则式园林等。每个园区间距约 8 公里，以绿廊步道联通，串联成一个整体，成为游客来往酒店与住宿场所之间的观光休闲点与社交休憩场地，其优美的环境与丰富的主题常令游客流连忘返。

4. 历史文化场所参访

历史文化场所由 Wollombi、Maitland、Morpeth 三个场所组成。

Wollombi 保存着原汁原味的英式风格古街巷与古建筑；Maitland 为澳大利亚殖民地时期的重犯监狱，向游客讲述着那段历史；Morpeth 是一处富有地道英式生活场景的英式小镇，小镇聚集众多画廊、古董店及餐饮场所：由此串联出完整的澳洲英式人文画卷。

针对以上游乐活动，国际游客通常被组合为 3 日 2 夜的游线产品，国内游客则在其中每一时间段均可在若干活动和场所中自主选择为周末游程。

（六）丰富的购物娱乐体验

猎人谷地区的高品质美酒的品牌效应带动了当地的葡萄酒销量，同时一系列的美食制作与体验也拉动了当地特色农产品的销售。

猎人谷娱乐活动以新酒品鉴与传统民俗节庆为主，其活动设置覆盖全年各时段，如三月的水上游乐节，四月的蒸汽机车节，五月的勒夫戴尔长桌午餐，九月的橄榄盛宴，十月的葡萄园爵士节，十一月的葡萄园雕塑展，等等。这些活动与当地传统民俗节庆活动共同形成了本地区极具活力与魅力的活动体系。

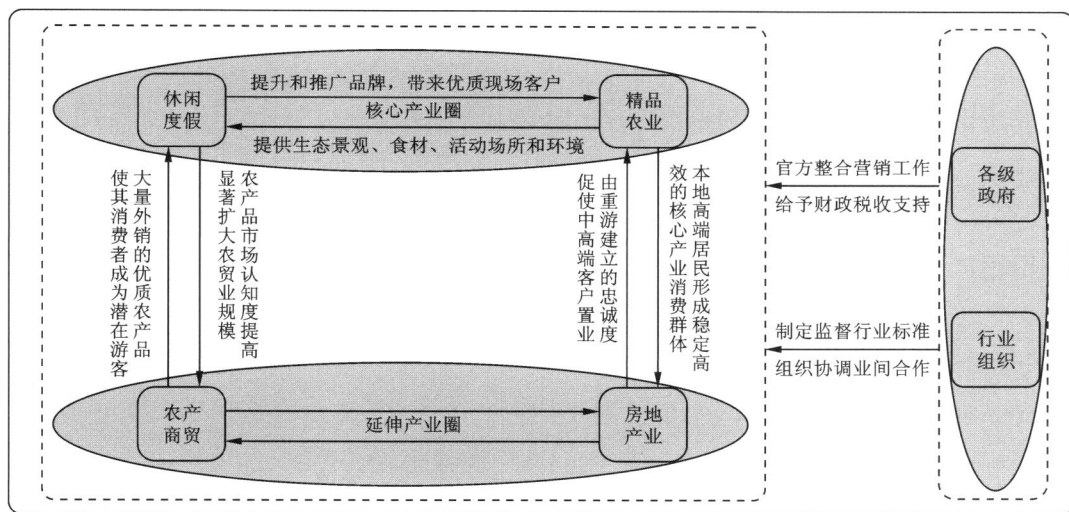

图 4 - 2　循环价值链产业体系

（七）循环价值链的产业体系

猎人谷地区的产业体系由酿酒、农牧、休闲、度假等行业构成，该体系的突出特质在于其可持续循环的价值链。正是这条循环收益链，使得体系中的每一环节行业各得其所，并乐于通过运营上的互动互利实现经济收益上的协调共赢。

核心圈层中的两产业相互提供必要价值，是产业体系价值链的根本。核心圈层与延伸圈层间的价值联系可以有效扩大实现核心圈层创造的品牌价值。行业组织和各级政府作为产业体系的外部环节，为产业体系提供各自特定的价值支撑。

三、案例总结与启示

猎人谷地区以其具有悠久历史的葡萄酒产业为其旅游核心吸引物，同时利用当地绝佳的生态环境与气候，构建集农业种植业、加工业、旅游业、商贸业、餐饮住宿业为一体的完善的产业体系，使猎人谷田园产业体系发挥出最优的经济效益。

在地区产品品牌打造上集中力量打造葡萄酒这一核心吸引物，并从整体上打造区域优势品牌，使澳洲美酒成为世界级名酒，而猎人谷又是澳洲优质酒品的代名词，并借助这一品牌形象扩大猎人谷当地特色农产品的市场知名度与潜在消费客群，促进相关农贸业的发展。

在充分发展核心产业的同时，注重与旅游相关的住宿业、农牧业、运动业和康体疗养业等产业的发展，积极培育和发展对应外来游客需求的延伸产业与配套产业，给游客及本地居民提供多样化、个性化的选择与体验。

最后，在组织管理上建立以政府为主导、社区与业主积极参与的、可操作性强的支撑保障体系，推动猎人谷区域健康良性地发展。

4.1.2 加拿大 Krause 莓果农场

一、Krause 莓果农场简介

该莓果农场位于加拿大兰里东部，距离温哥华约40公里，距离加拿大著名运动度假胜地阿伯茨福德15公里。该农场以莓果种植为主要吸引物，同时发展了多元化的种植品种作为补充，并形成了莓果酒庄、烹饪学校等高端价值产业，如今，莓果农场已成为加拿大最富盛名的乡村旅游体验地之一。

二、Krause 莓果农场总体特征

Krause 莓果农场成功的关键在于其莓果产业价值链的构建以及特色明显、品质精致的产品服务体系构建。

（一）产品配置——主题突出、层次清晰

Krause 农场所在地区是加拿大著名的蓝莓产区，蓝莓是其起家品种。在发展核心种

植产品的同时，该农场积极拓展农产品体系，形成了由蓝莓、树莓、草莓、黑莓组成的核心系列农产品和由甜玉米、甜豆和小土豆等组成的差异化系列农产品，保证在夏秋两个旅游旺季实现果实成熟期全覆盖，持续激发游客的出游意愿。蓝莓成熟期 7—9 月；草莓成熟期 6—10 月；树莓成熟期 7—10 月；黑莓成熟期 7—10 月；甜豆成熟期 7—8 月；玉米成熟期 8—10 月。7、8、9 月夏秋旺季为农产品成熟集中期。在农产品培育外，Krause 农场还培育了多种可供观赏的花田，花期覆盖春夏秋三季，可美化农场景观，增加对游客的吸引力，增加经济收益。

(二)农场美食——主题鲜明，系列丰富

农场的餐饮选择也是多样化的，主要以应季莓果为主料，结合农场其他农产品原料打造品类齐全的菜式，主要包括果汁饮料、乡土特色菜、莓果佳肴和新鲜乳脂制品四大系列。这些菜式通过单独烹调或自由搭配，可形成饮品、前菜、正菜、甜点等特色突出、层次完整、规格齐全的成套餐食。农场还提供定制化的餐饮需求，为婚宴、商务宴等类型客户提供个性化的专项美食服务。

(三)烹饪学校——王牌产品，绝佳平台

烹饪学校是 Krause 农场最受欢迎的体验产品和产品展示平台。学校聘请知名大厨亲自授课，课程设置多样且定期更换，令客人兴趣无穷，乐于重游。学习食材均来自农场，游客可在学习过程中更深入地体验到食材的品质与特色，有助于游客消费偏好与习惯的形成。其组织形式灵活多样，适合家庭、亲子、情侣、闺蜜团、厨艺爱好者等多元化客群。学校会定期举办学员毕业汇报和新生招募的露天餐饮活动。

(四)农场购物——门类齐全，自用与馈赠皆相宜

Krause 农场的旅游商品种类繁多，有应季新鲜莓果、莓果主题糕点、自产绿色蔬菜、莓果乳脂软糖、莓果主题工艺品、农场主题家具饰品等，游客自用或赠送亲友都能找到理想的选择。

(五)配套休闲活动——亲子主题，原味乡村

农场配套的休闲活动以亲子主题为主，带领游客体验乡野生活的乐趣。农场招牌休闲活动为与莓果主题相关的农事体验。农场设有专供亲子体验的莓果主题休闲区，一家人可以体验亲自采摘的乐趣，学习手工果酱、果脯、果酒等传统美食的制作方式。农场还设有专门的野趣体验区域，游客可在农畜幼儿园中与小动物亲密接触，在麦草迷宫中

欢乐寻宝，在玉米谷仓中投入"谷堆大战"。

（六）增值度假服务——莓果酒庄，独具格调

对于停留多日的度假游客而言，独具格调的"莓果酒庄"是最富吸引力的特色场所。酒庄内包含专业酒窖、酿酒工坊和主题会所等场所，会所和酒窖风格为北美农场主题，能为客人提供特制的"马靴杯"来品酒。酒庄还可用于主题派对、婚前派对、上午派对等活动。

（七）节事活动——题材多样，品牌提升

农场每年会举办多种题材的节庆活动，如农场收获品尝节，各种莓果收获季节会举办专场品尝活动，游客可品尝到农场最新鲜的莓果产品，还可参与体验相关农事活动；在圣诞节、万圣节等传统节日期间会举办传统节事嘉年华，利用农场自身的农耕特色优势，举办原汁原味的节庆活动，吸引大量游客前来体验。

（八）自营加工——创意开发，品质保证

Krause 农场的自营加工产品集聚创意与品质，且加工种类丰富。

农场在莓果的精选、干燥、存储和包装等方面都非常专业。莓果相关产品开发也十分丰富，包括莓果口味的奶油、奶酪、冰淇淋、糕点饼干、馅饼、奶糖等系列莓果食品，并提供配送到户服务；同时还开发了一系列莓果日化用品，如莓果润肤乳、手工莓果皂、莓果沐浴液、莓果浴盐、莓果空气清新剂等，产品供应本地及外地超市。这些加工品充分挖掘了市场需求，提升了农场的品牌价值。

（九）农场价值链——关联紧密，收益叠加

Krause 农场构建起关联紧密、收益叠加的"价值链"，实现螺旋上升式健康发展。

三、案例总结与启示

（一）确立农场主题，并加以多元化发展

Krause 农场首先确立了莓果作为其主题产品，同时引进多元化的莓果产品和其他农产品充实其主题品牌，并通过莓果酒庄、烹饪学校、节事活动等持续夯实品牌基础。

（二）形成具有农场特色的产品和服务

"烹饪学校"和"莓果酒庄"是 Krause 农场打造的两大优势产品，其市场独占性和优

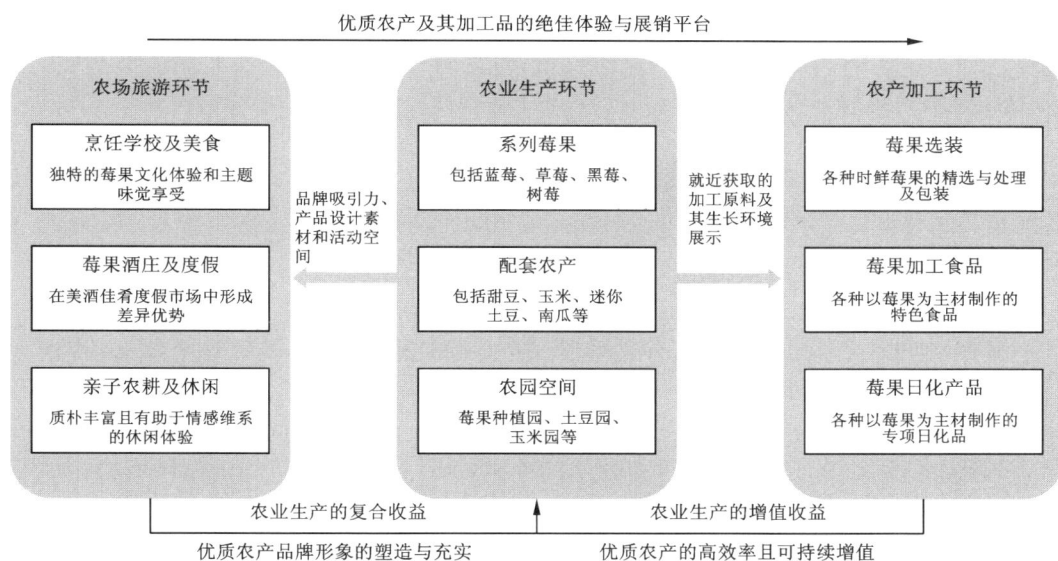

图 4 - 3　Krause 农场价值链

质的产品与服务为农场吸引了大量的客群，同时这两项产品和服务也是农场展示效果最好、经济绩效最高的产业展销平台。

（三）构建多样化产品体系，满足不同市场群体需求

Krause 农场立足不同市场群体需求，构建多样化产品体系，使不同年龄、偏好和消费能力的客群都能在此找到心仪的产品，从而有效规避业务单一性造成的经营风险。

4.1.3　日本 Mokumoku 农场

一、日本 Mokumoku 农场简介

Mokumoku 农场位于日本三重县伊贺市郊区，距离名古屋 1 小时车程，距大阪约两小时车程，农场核心区占地约 200 亩。其目标客群定位于亲子家庭客群，以亲子教育为主要特色，以"自然、农业、猪"为主题定位，强调亲近自然及享受家庭温馨。农场是集生产、加工、销售、农村休闲、农事教育、网络购物于一体的第六产业化的典型主题农场。

二、总体特征

（一）主题明确，定位清晰

Mokumoku 农场由养猪的农户经营联合体发展而成，农场每个环节与活动的主题都与猪相关。游客从园区产品，到活动体验，到餐饮购物都能感受到农场统一的风格。

农场针对主要亲子客群制定了明确清晰的分区域定位，将 12 岁以下的亲子家庭作为农场的主要消费客群，并为这些年龄段的孩子设计了相应的农场体验设施与活动。

（二）销售与体验合二为一

农场的产品种类齐全，游客可消费空间较大，农场采用销售与体验相结合的方式，带动游客的主动购买力。

农场购物区主要位于其入口区域，该区域设有蔬菜交易市场、乡村料理店、牛奶工坊、美食广场等。蔬菜交易市场是周边农户的产品集中交易平台，种植农户的照片和相关信息都展示在交易区墙上，游客可在这买到最新鲜放心的农产品。乡村料理店都被包装成各色主题馆，游客可品尝到用当地养殖户提供的猪肉制成的料理。如出售猪肉加工产品的小猪主题馆，叉烧主题馆、香肠主题馆等，这些主题馆造型可爱，深受小朋友喜爱。牛奶工坊则出售各类牛奶制品。

农场为了让孩子们接近自然，把小猪训练园设计成可零距离接触与观赏小猪的形式，孩子们可以在饲养屋体验小猪喂养等活动。

农场还专门开设学习牧场，牧场内可观赏到牛、羊、矮脚马等各类动物，小朋友可在体验教室参与各项活动，包括喂食、骑马、挤奶、牧场其他工作等项目。

体验场所除了主题馆和养殖观光点外，还有多个手工体验馆，如烘焙馆、香肠馆等。孩子们可在这些场馆里发挥想象力，制作各色包点，或跟随香肠师傅学习香肠制作，制作完成的产品可直接带走。

（三）注重细节，洁净温馨

在细节处理上，Mokumoku 农场做得相当到位。作为一个养殖类农场，Mokumoku 农场注重农场的卫生环境，地面洁净无动物粪便，空气中也无较大异味，为孩子们提供了一个可尽情玩耍的良好环境。同时在农场各个角落的布置上也十分细致，通过可爱的卡通指示牌、憨憨的卡通造型雕塑、美丽的花丛等打造农场温馨、舒适的环境。农场还设计了造型多样、便于携带的小猪吉祥物，深受小朋友的喜欢。

三、案例总结与启示

(一)商业模式：可循环

Mokumoku 农场通过合理的规划与设计，将农业与亲子教育相结合，并充分带动农场内养殖、加工、销售与体验全产业的融合发展，形成了一个完整的农旅项目产业链，提升了农场资源的价值，建立了一个受客户喜爱与认同的可持续的、循环发展的商业运作模式。

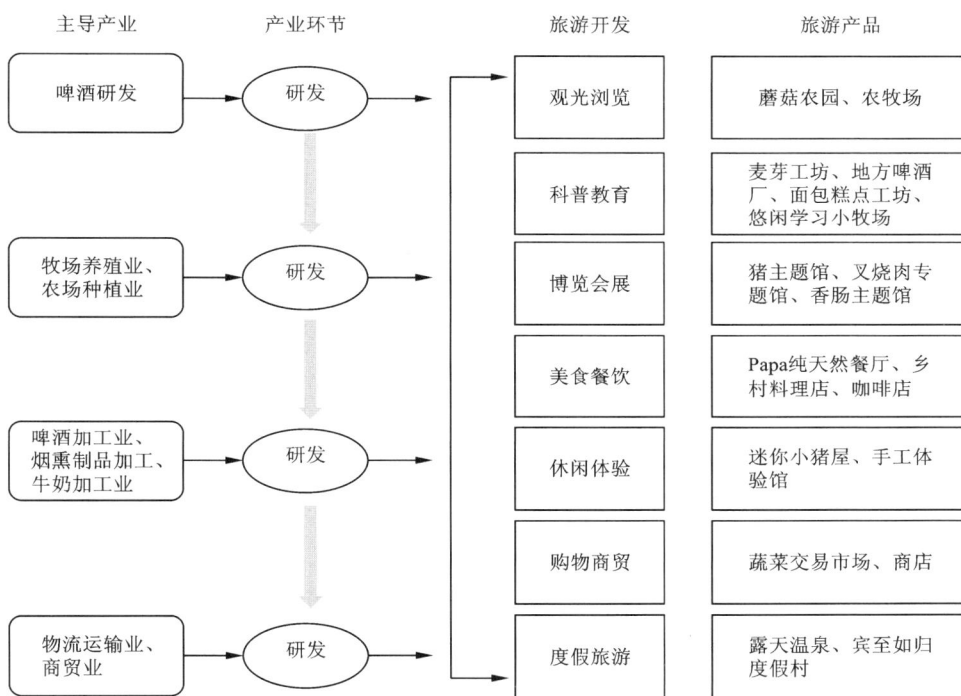

图 4-4　Mokumoku 农场产业链分析

(二)把农场做成平台

Mokumoku 农场采用平台化的运作模式，平台负责农场品牌打造与整体运营，园内购物区与主题体验可通过招商加盟方式参与农场经营，生产和加工由农场内农户和经营者独立经营。农场主要的经济来源为会员费及农产品的销售。

（三）吸引游客：重在体验

体验是留住游客或激发回头客、促进产品销售的重要环节。Mokumoku 农场为游客提供了贯穿整个农场的体验项目，并结合休闲和教育科普目的，让游客既放松了身心又增长了见识。农场平均留客时间为 4—5 小时，农场还为远道而来的游客提供舒适温馨的住宿服务，可谓配套齐全。

4.2 国内田园综合体的发展与借鉴

4.2.1 江苏无锡田园东方

一、项目概况

无锡阳山田园东方项目位于有"中国水蜜桃之乡"称号的无锡市惠山区阳山镇。该项目处在阳山镇的核心区域，区内交通发达，生态环境良好，规划总面积约为 416.4 公顷。

田园东方项目由田园东方集团组织实施，自 2012 年开始筹备及规划，是国内首个田园综合体建设项目。该项目于 2013 年 4 月初启动建设，2016 年 9 月得到中央农办领导高度认可，由田园东方首创的"田园综合体"一词于 2017 年被正式写入中央一号文件并做了进一步规定。以企业为主体的田园综合体更偏重于解决乡村社会的实际问题，体现的是田园综合体的社会属性及公共利益的诉求；而田园东方则是企业从市场需求角度出发，兼顾社会利益的一种项目需求，但其开发模式与经营方式已经过市场实践检验，可供企业为主体的田园综合体借鉴。

二、项目定位

项目背景：阳山"美丽乡村"建设

核心目标：以"田园生活"为目标

定位：坚持生态与环保理念，融田园东方与阳山的发展为一体。致力于打造复合田园娱乐体验、乡村旅游度假、农业生产交易、田园居住生活等多种功能的综合性生态园区。

三、整体规划

（一）规划理念

项目的核心规划理念是通过顺应与重塑自然，对传统进行保护与传承，秉承勇于创新的精神，打造出一个活化乡村、感知田园的城乡生活场景，使生活与休闲得以实现相互融合。

（二）规划内涵

田园东方项目规划内涵：一个主义，两个核心，三生和谐，四风同尊。

一个主义：践行"新田园主义"理念，在强调人与自然的和谐的基础上，要求人们主动地去掌握社会、经济、环境规律，更好地尊重顺应自然。

两个核心：以乡村复育与乡村多功能为双核心，重建怡人的田园风光与生活方式场景，强调多功能融合发展，重新塑造乡村价值，进一步发展乡村的社会与经济。

三生和谐：通过生产、生态、生活三方的有机融合，推动乡村和谐社会的构建。

四风同尊：指对风俗、风物、风土、风景的尊崇，无论是乡村文旅、农业生产还是田园居住都应该从乡村实际出发，体现原生态的乡村风貌。

（三）空间布局

项目总规划面积 6000 余亩，主要规划有乡村旅游主力项目集群、健康养生建筑群、田园主题乐园（兼华德福教育基地）、农业产业项目群和田园小镇项目群等六大板块。规划为典型的互融开发模式。

四、产业体系

无锡田园东方田园综合的产业体系包括了现代农业、田园社区和文化旅游三大板块。其中现代农业板块是通过公司化、科技化、规范化的运作，来打造项目的农业基底——现代农业产业园。文化旅游板块作为项目的新型驱动产业，以生态多样的旅游度假产品组合为主，发展田园主题的休闲文旅。田园社区版块主要通过建设田园社区，打造包含新老住民及游客共同生活的领域，最终形成一个新的社区。

（一）农业板块

田园东方的农业板块共规划"四园、三区、一中心"。

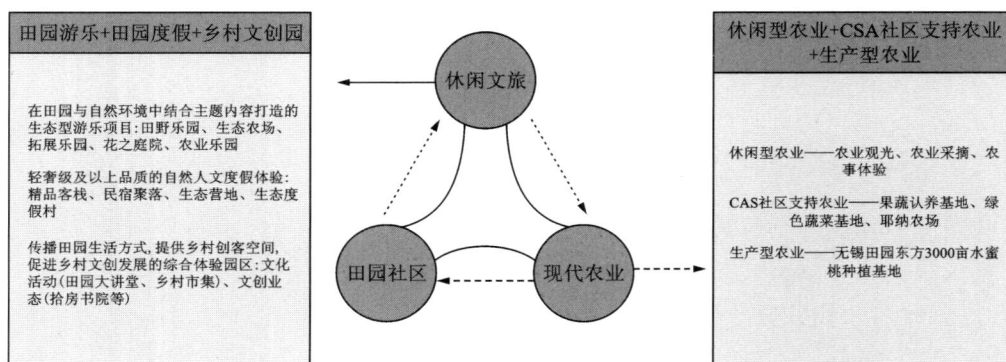

图 4-5 产业体系

四园：有机农场示范园、水蜜桃生产示范园、果品设施栽培示范园、蔬果水产种养示范园

三区：农业休闲观光示范区、果品加工物流园区、苗木育苗区

一中心：综合管理服务中心。

通过田园东方集团优势的整合，将当代农业产业链上的特色资源导入，再对阳山镇目前所有的农业资源作进一步提升和优化，开拓阳山镇农业发展的新方向。

（二）文旅板块

文旅板块是展现田园综合体乡村文化精髓的板块，是田园综合体提升对外体验感最核心的部分。项目首期在田园东方集团优势资源的助推下，以"创新发展"为思路，依照打造核心竞争力和培育战略品牌的发展需求，尽力地去整合各项文化旅游的资源，与相关商家建立合作共赢的战略关系。项目首期吸引了华德福教育基地、拾房清境文化市集、田园番薯藤等品牌商家前来合作。

拾房文化市集是按照"修旧如旧"的方式对拾房村旧址上保留的 10 栋老房子进行修缮和保护，并结合村庄的村落肌理和历史文脉来植入八大文化旅游的业态，将工作、居住、田园三大空间，农业产业与旅游文化分别进行有机结合，通过延长展开复合化功能，来实现效益的最大化。

八大文旅业态主要包括田园生活馆、田野乐园、民宿度假村、学校、有机蔬菜餐厅、咖啡厅、书院及市集。田园东方致力于让所有富有田园梦想的人们，在山川、桃林、良田、村居间，找到自己需要的情怀、产品和交流方式。

四园：
①有机农场示范园
②果品设施栽培示范园
③水蜜桃生产示范园
④蔬果水产种养示范园
三区：
⑤农业休闲观光示范区
⑥果品加工物流园区
⑦苗木育苗区
一中心：
⑧综合管理服务中心

图 4－6　农业板块

（三）田园社区板块

田园东方运用新田园主义的设计手法，不仅注重尊重村庄聚落原有肌理和风貌，更将土地、农耕、生态、有机、健康与新老住民和游客的生活体验交织融合在一起，致力于打造人们梦想中的"桃花源"。

田园社区的主要物业类型包括原住民完成"双置换"后的新建安置社区、田园度假居住区及田园亲子度假酒店区。一期的田园小镇——"拾房桃溪"规划理念来自于项目西侧的千年古寺"朝阳禅寺"，整体的形态如同佛手融入农田朝西行礼，表示出对阳山悠久深厚历史文脉的尊重。首期主打低密度的田园社区，户型为97—230平方米的草原风格住宅，社区外围居民邻水而住，整体呈现出一幅美好的"有花有业锄作田"的人居景象。

田园社区主要作为新居民的"第二居所"，由于这类物业的用途多为度假，空置率较高，为避免造成资源浪费，田园东方以受托方式对度假物业开展物业运营、度假村运营和社区运营活动。

五、开发步骤

阳山田园东方项目从 2011 年至今，分为萌芽期、生长期、发展期和梦想期四个发展阶段。

萌芽期（2011—2013 年），这个时期是田园东方项目开始酝酿、签约和规划阶段。2011 年 12 月 8 日，东方城置地股份有限公司成立，开启寻梦田园之旅。2012 年 3 月 21 日，《田园综合体模式研究》公开发表。同年 12 月 29 日，无锡阳山东方田园高效农业暨都市休闲旅游综合体项目成功签约。该项目主要以地方与企业合作的模式，对乡村区域进行整体、综合的规划、开发和运营。项目从阳山镇全域发展、规划方面着手，对生产、生态、生活"三生"进行有机融合，再以"新田园主义"作为指引，推广采用田园"综合体"的商业模式，其内容包含现代农业、田园社区、休闲旅游。2013 年 9 月无锡田园东方项目正式开工建设。

项目的生长期指的是 2014—2016 年项目各主要功能版块的相继建设及开始运营时期。2014 年 3 月 28 日，无锡田园东方示范区正式开园，其所属绿乐园、拾房书院、田野乐园也相继开园。2015 年 1 月 1 日田园大讲堂正式落成，同年 6 月 14 日，农业产业园以及新田园社区初步落成。到 2016 年，无锡阳山田园东方经过 4 年的落地探索、实践，示范区整体已规划并完成建设以 3000 亩水蜜桃产业为主的新田园社区和现代农业产业园，示范区内还建成了包括田园东方蜜桃度假村、花间堂稼圃集酒店、拾房书院、拾房手作、拾房咖啡、拾房市集、田园大讲堂、田园生活馆、华德福学校、田野乐园等完整相融并以"蜜桃"为主题的乡村旅游度假区。

项目的发展期指的是 2017 年以后的项目推广、合作与二期工程的建设。田园东方与同程旅游达成战略合作，获评"江苏省五星级乡村旅游度假区"。2017 年 8 月，无锡田园东方二期文旅小镇暨现代农业产业园开工建设，北区的田园文旅小镇蜜桃街也正式奠基动工。

项目的梦想期指的是田园东方这一模式的推广和复制时期。自 2017 年起，田园东方从无锡逐渐走向全国各地，将焦点集聚在华东、成渝、京津冀等地区来发展田园综合体项目，并提出了产品加运营型的业务战略路线。

六、经营机制

无锡田园东方项目采用的是"政府＋企业＋农民＋村集体"的经营机制。农民以农村的土地作为股份入股乡村的运营平台及村集体公司，之后实行定期分红。与此同时该农民将会成为企业的员工并获得相应的劳动报酬，并获取包括土地及地上附着物在内的一次性补偿。由此形成集体合作社与企业公司化的合作、集体土地资产合规化利用、职业农民从业增收、农业科技与品牌创立等多层级、多方面的共建合作。

项目在融合发展的理念下无缝链接生产、生态、生活，通过农业与服务业、加工业

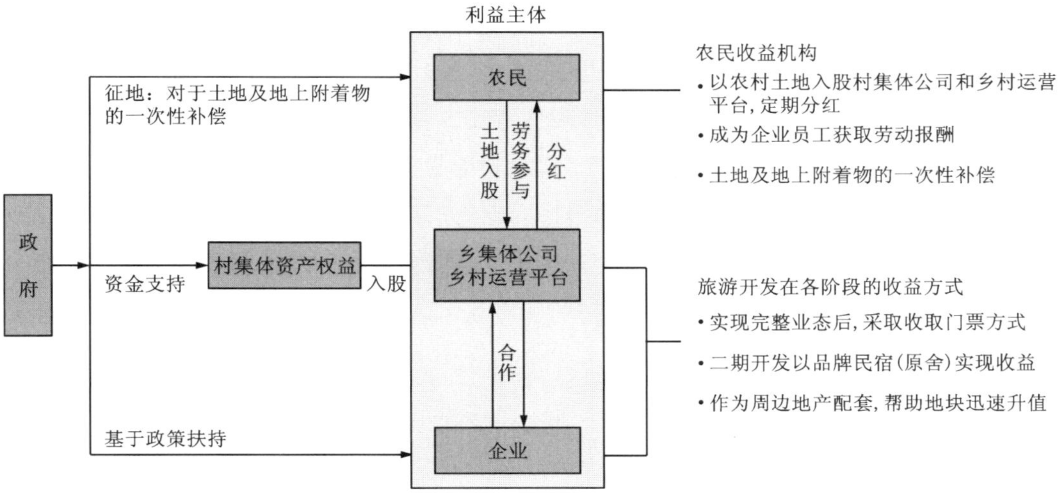

图 4-7　经营机制

的关联共生与结合，充分实现一二三产的复合发展。

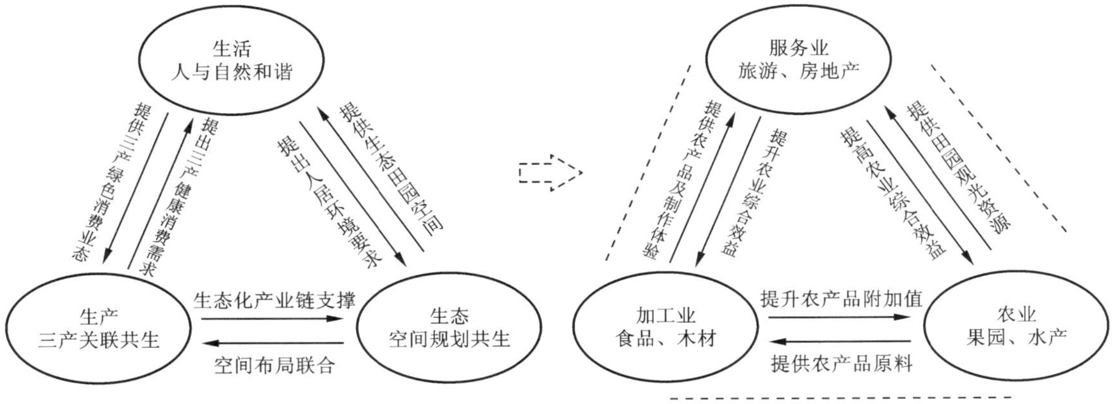

图 4-8　发展方式

七、盈利方式

1. 地产项目盈利。项目获得利润的重要部分就是田园地产销售，销售手段包括预售和现售两种，可以使项目在开发过程中有较为充裕的资金，也可以更好地反哺其他产业的发展，如项目基础设施的建设，以此来解决一般产业项目在短期很难盈利的通病。

2. 旅游项目盈利。休闲文旅项目同样是获得利润的一种重要方式，但文旅项目的盈利也需要较长的周期，经营过程中需要较长、较稳的资金来进行维持。但在销售地产项目的支持下，休闲旅游项目可以在经营这一块显得更为完善，销售的同时还能对旅游项目起到宣传作用，进一步为其提供稳固的基础。

3. 农业产品盈利。从 2013 年开始，田园东方与阳山镇、桃农合作打造 3000 余亩水蜜桃生产基地。通过对农民的技术培训、与科研院校的产品研发合作及与政府合作进行农创开发，成功将阳山水蜜桃产业品牌打响，带动当地农民增产致富。

4. 品牌项目盈利。品牌是项目成功的无形力量，带来的利益也是无法用数字来形容的。田园东方项目本身具备树立一定品牌的影响力，可以推动项目所在区域的发展，同时带动相关产业发展。项目的成功运营会使其自身以及母公司的品牌成为一种无形的资产，给地产项目带来更多的销售利润，从而使休闲农业旅游项目实现更好的经济效益。

八、项目建设模式与借鉴

"田园东方项目"采用的是旅游先行地产回现的开发模式，项目文旅板块中与清境农场合作的文化集市率先建造并开园，以此作为整个项目引擎，通过绿乐园等田园主题的互动打开亲子休闲游市场，从而带动一期地产销售，休闲旅游项目和地产项目相互支持，实现滚动开发。实际开发中，地产项目给田园东方项目起到了有力的保障作用，而在国家着眼"三农"的田园综合体实际推进过程中，"地产"是受限的部分，这就要求田园综合体的实践者们不要只看重"地产开发"，而应着眼于农业相关产业的发展。

4.2.2　河北迁西花乡果巷田园综合体

一、项目概况

项目位于河北省唐山市迁西县东莲花院乡，处在四县（迁西、迁安市、滦州市、丰润区）交界处，区位优势显著。交通方面，项目位于环首都 2 小时经济圈内，距离迁西县城30 公里，距离京沈高速 20 公里，距京秦高速只有 5 分钟车程。项目规划区总面积 4900公顷，涵盖西山、东花院、西花院、徐庄子等 12 个行政村。

二、项目定位

规划定位：花乡果巷，山水田园，诗画乡居。

目标任务：建设以创新为理念，特色水杂果产业为基础，旅游为引擎，生态为依托，文化为支撑，富民为目的，以市场为导向的宜居宜业、特色显著、普惠的国家级田园综合体。为完成"三产融合""三生同步""三位一体""循环农业""农事体验""创意农业"蓬勃发展的目标，生产、产业、经营、生态、运行、服务六大支撑体系要不断完善，确保生态体系实现绿色共享、生产体系有坚实的基础、产业体系有突出的特色、运行体系优化合理、经营体系有创新的发展、服务体系有完善的功能。

发展目标：构建"一、十、百、千、万"发展目标，即"打造出一个迁西模式、建设成十大项目园区、形成百个文化旅游景观、解决好千人致富就业、充分吸引百万游客观光休闲"。将项目打造成为一个有兴旺的主导产业、实力雄厚的龙头企业、体量庞大的项目集群、优良的合作机制、众多的科技支撑、美丽的乡村生态、丰厚的农民收益的田园综合体项目。

三、整体规划

"花乡果巷"田园综合体项目整体划分为"一镇四区十园"：一镇为花乡果巷特色小镇；四区为浅山伴水健康养生区、百果山林休闲体验区、生态环境涵养区、记忆乡居村社服务区；十园为十大项目园区，主要包括黄岩百果庄园、梨花坡富贵牡丹产业园、松山峪森林公园、五海猕猴桃庄园、农杂粮基地、玉泉农庄、莲花院颐养园、游客集散中心、CSA 乡村公社、乡村社区旅游步行道。

整个田园综合体的基础和核心为河北省级的"花乡果巷"特色小镇，由此来辐射和带动四区和十园。特色小镇包括门户区、美丽村庄、休闲农业区、百果园、牡丹园、运动健身区、冷链工场、田园度假区主要八大功能区，另外还有八项节事活动，八大系统模式以及三十六组产品，二十八组景观。八大功能区域目前已经完成了百果园提升、牡丹园种植，花院酒店、田园度假木屋建设等，其中花院酒店成为"花乡果巷"特色小镇主要的接待集散中心。正在建设中的"天晶智能温室群"，设有智慧农业指挥处、技术发布中心、产业研发实验室等，为项目以及全县范围内的花果产业提供技术支持，为整个综合体的花果产业实现更好的发展打开通道，借助强大的供销系统资源，充分实现构想。徐庄子村与西山村合作打造"木板商业街""美丽村庄"，可以作为模板指导项目中其他村庄并在未来进行复制建设，同时为村民的闲置房、农产品提供合适的增值方案，使村民拥有更多可以选择的增收途径。

四、产业体系

项目核心的产业体系为杂果种植产业、李子种植产业、安梨种植产业、油用牡丹种植产业、葡萄种植产业和猕猴桃种植产业；配套的产业体系包括三区——生产加工区、智能体验区、冷链物流区，两中心——科技研发中心和电子商务中心；衍生的产业体系

"一镇四区十园"为一个花乡果巷特色小镇，百果山林休闲体验区、记忆乡居村社服务区等四区和黄岩百果庄园、梨花坡富贵牡丹产业园等十大项目产业园。

从总体来看，整个项目的产业体系呈现出"小规模、微田园、组团式、生态化"的特征。在打造产业体系的过程中坚持融合，并突出特色，引入"文化＋""旅游＋""农业＋"等形式。其中"文化＋""旅游＋"是指将农业的体验功能和景观功能进行统筹，开展果树认养、采摘节等农业体验活动，通过丰富"乡居微客栈""花果大集市"等多个平台，在田园风光里开展新产业，在生态底色上描画新农村。"农业＋"是指依托葡萄、安梨等有优势的主导产业和猕猴桃、油用牡丹等有特色的新兴产业，形成"核心""配套""延伸"的产业体系，实现三产的融合发展；以农业、水利、科技、道路、林业为五大重点工程，来分区改造完成 1.7 万亩土地的任务。

五、运营理念

"花乡果巷"田园综合体项目在建设的过程中要始终坚持以农业为本、发展现代农业、突出田园特色，从农民的根本利益出发，使农民有强烈的参与感，由此充分发挥聚合效应，然后从生产、生态、产业、经营、运营、服务六个方面入手，通过对政策和资金的整合，高标准地去完成试点项目的建设。

（一）坚持高标准，实现生产体系基础坚实

依照适度超前、集约利用、综合配套的原则，在三年内共计安排政府财政资金九千万元用于综合治理 4.7 万亩的土地，首先在 2017 年完成 1.2 万亩，二期在 2018 年完成 1.5 万亩土地综合治理，在 2019 年完成最后 2 万亩。项目建设拟在通过利用现有农用设施的基础上，以农业、水利、科技、林业、田间道路五大工程设施为重点，综合实施电、田、水、林、路等措施，通过项目进行分区域的综合治理，为建设高标准农田、优质高效农业产业创造出合适的条件，最终实现产生综合效益的目的。等土地治理工作完成后，农业基础设施会得到进一步加强，农业生产条件得到全面改善，综合生产能力也将得到显著提高。在此同时对资金和项目进行积极的整合，投资一千万元用于建设一座高标准的小型垃圾处理厂；污水治理方面，采取集中式和分散式相结合的方式，投资三千万元用于建设项目地 12 个村的污水治理；投资七千万元用于完成游客集散中心的建设。

（二）坚持大融合，实现产业体系特色突出

从区域内部的区位优势、资源优势出发，充分利用当地田园资源和农业特色，把优势主导产业做强做大，同时全力发展独具特色的新兴产业，一步步来构建出核心产业体系、配套产业体系、延伸产业体系的三大产业体系，从而实现三产的融合发展。

加强品牌管理和有机产品认证，完成安梨、牡丹等 10 种农产品的有机产品认证工作，积极推进百丹坊、神农、五海、尚菌堂品牌建设，利用三年时间培育中国驰名商标 1 个，省级知名品牌 3 个；稳步推进创意农业，利用"农业＋""旅游＋""文化＋"等模式，推动农业产业与旅游、文化、康养等产业的有机结合，全面构建特色突出、深度融合的产业体系，三年共增加天晶智能温室群、食用油展示加工厂、冷链工厂、水果深加工基地等产业化项目 8 个，合计投资 6.89 亿元；在现有颐养园康养中心的基础上，投资 1.4 亿元，完成玉泉农庄等三座康养中心的建设，实现康养中心连线成片，打造集社会养老、养生度假、观光采摘、农事体验于一体的高端康养目的地；投资 1.25 亿元，将全乡作为一个大景区进行建设，完成松山峪森林公园、五海农耕体验园、黄岩露营公园、花果大集市、庭院猕猴桃聚集区等重点工程建设，打造 30 组独具特色的景观小品，力争三年内建成梨花坡富贵牡丹产业园、马家沟文化产业综合体这两个 AAAA 级景区。

（三）坚持强龙头，实现经营体系创新发展

坚持以市场作为导向，积极地把新型农业经营主体的实力培育壮大。通过构建适度规模、优越制度、完善体系的农村专业合作社组织，通过全省供销合作社综合改革试点这一契机，构建完善的四级农民合作组织网络体系，即以市供销社为"领军龙头"，以县供销社为平台载体，以乡供销社为关键纽带，以农村农民专业合作社为坚实基础，全力推动建设"组织＋服务＋经营"为一体的新型供销合作组织体系，充分发挥"市、县、乡、村"四级合作组织在政策指引、资金互助、产权交易、电子商务、资产运营、安全保险、技术培训、担保融资这八个方面的职能作用。

重点扶持区域内唐山供销农业开发有限公司、五海农业开发有限公司等企业的建设，3 年之内培育出国家级重点龙头企业 1 家，省级重点龙头企业 3 家。三年累计整合市供销社建设资金 2.6 亿元，利用县供销社资金互助项目融资 3.5 亿元，利用乡、村两级社员入股融资 5500 万元。

（四）坚持可持续，实现生态体系绿色共享

从最优的角度对田园景观进行资源配置，更深层次地去挖掘出农业的生态价值，不仅要把生态和农业充分结合起来，更要把资源和产品进行对接，还要把保护与发展融合统一，尽力将生态环境的优势转化为农业、旅游发展的优势，将绿水青山变成金山银山，以产生更多生态福利和绿色财富。

投资 300 万元，完成占地 180 亩的蝶恋花海婚纱摄影基地建设，打造大地景观；特别推出黄岩百果采摘节、五海猕猴桃采摘节和果树认养、牡丹籽采摘等农事体验活动，统筹农业景观和体验两方面的功能；凸显宜居宜业新特色，积极推进美丽乡村建设，投资 4900 亿元，将项目地内 12 个行政村按照"小规模、组团式、微田园、生态化"的思路建设为全国最新版的美丽乡村示范样板；通过"花果大集市""乡居微客栈"等多种平台，在生态底色上描画新农村，在田园风光里发展新产业。

（五）坚持优服务，实现服务体系功能完善

坚持共参、共享、共建的"三共"理念，切实完善、发挥区域的服务功能，以调动广大人民的积极性。通过与中科院、中农科院等科研院所的合作，总共投资 1.3 亿元用于建设高标准的科技研发中心，实现由研发成果到项目落地实践的无缝对接；通过与京东、阿里巴巴等电商平台的合作充分利用供销系统的销售网络，总计投资 2000 万元用于建设高标准的电子商务中心，旨在打造出功能完备的融资和果品交易平台；依托冀东山货市场，总计投资 3200 万元用于建立冀东果品物流、仓储中心，通过汇集市场、信息、人才、资本、科技等现代生产要素，来形成完备的生产服务体系，并在农产品种植、加工、科研、管理、物流、仓储、销售等方面，为人民提供完整完善的服务，从而推动城乡产业链相互延伸。

（六）妥善处理政府、企业和农民三者的关系

妥善处理政府、企业和农民三者关系，为做好项目建设，县委、县政府高度重视，将该项目列为全县的一号工程，书记始终坚持亲自谋划、亲自推动，成立了由书记任组长，财政、农村综合改革、农业综合开发以及发改、国土、环保等单位和部门主要领导为成员的领导小组及办公室，统筹组织试点项目的申报和实施等各项工作。充分发挥县级财政集中力量办大事的优势，将美丽乡村建设、全域旅游创建、农业、水利、环保等方面各项专用资金向项目地集中。按照由政府主导，通过市场的运作及百姓的参与，最终实现利益共享的理念，进一步完善"633"的分配机制。"6"指的是村民可以通过六种途径来获取效益：一是通过流转林下土地获得收入；二是通过种植原有的水杂果获得收入；三是通过流转土地的经营管理来获得收入；四是通过劳务输出获得收入；五是通过旅游从业获得收入；六是通过村集体股份的分红获得收入。而第一个"3"是指企业（合作组织）通过农业生产经营、旅游从业服务、产品加工销售三项来获得主要的收入来源。第二个"3"指的是村集体以集体资产、集体土地、集体争取的各级政府财政支持资金这三项将出资的额度转化为股份，并根据各自所持股份来参与分红。通过"633"的利益分配模式，才能真的做到集体有部分股份，合作组织、企业有长期效益，人民群众有收益，

最终实现多方共赢的良性循环。

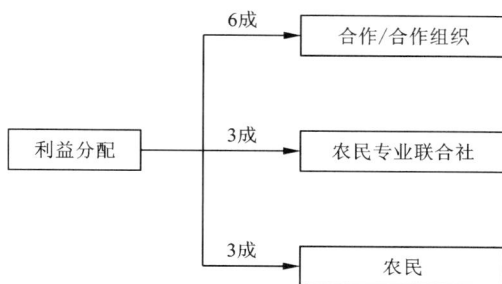

图 4 - 9　利益分配

六、经营机制

"花乡果巷"特色小镇将通过推进东莲花院乡和完善田园综合体试点建设来促进三产的融合发展，改善村庄风貌，打造全乡的统一品牌，从而带动当地美丽乡村的建设，提高农民的收入，实现精准扶贫，让新农民更适应新时代的发展。

项目的经营机制采用"政府 + 农民专业联合社 + 供销合作社 + 企业 + 农民"的模式。发挥现有的农民专业联合会、乡供销合作社的主要作用，同时抓住全省供销合作社综合改革试点这一契机，来整合市供销社建设及县供销社互助的资金，还有乡、村两级社员的入股资金。

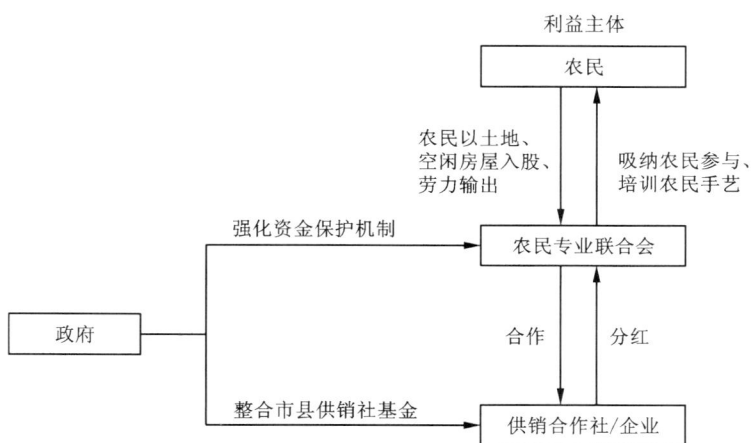

图 4 - 10　经营机制

七、开发步骤

项目建设期从 2017 年 10 月至 2020 年 10 月，为期共三年。项目的总投资额为 17.2 亿元，其中可获政府财政资金支持为 2.1 亿元，包括中央财政资金 1.5 亿元、省财政配套资金 0.48 亿元、县级财政配套资金 0.12 亿元；项目投资 9000 万元，分三个年度完成 4.7 万亩土地治理项目；投资 1.2 亿元，撬动社会资本完成总投资 6.89 亿元的天晶智能温室群、花果人间温室群、徐庄子冷链物流加工基地、科技研发中心、农产品展示中心、东城峪村冷库、电子商务中心、水果深加工基地共 8 个产业化项目。县政府总共整合资金 5.68 亿元，项目筹资方案已全部确定。吸收社会资本 9.44 亿元，相关企业已向县政府出具项目投资承诺书，具体项目安排和投资预算在三年规划中已清晰展现。

八、案例总结

（一）精准定位

"花乡果巷"特色小镇于 2017 初由唐山市供销农业开发有限公司投资建设，并在同年入选河北省首批 82 个省级特色小镇。

2017 年 7 月，河北迁西县"花乡果巷"田园综合体，以"花乡果巷"特色小镇项目为核心，从 16 个同类项目评选中脱颖而出，成为全省唯一的国家田园综合体试点项目。

"花乡果巷"田园综合体的建设，把握政策动向，精准定位，通过"花乡果巷"特色小镇的建设，促进三产融合发展，改善村庄风貌，打造全乡的统一品牌，从而带动当地美丽乡村的建设，提高农民的收入，实现精准扶贫，让新农民更适应新时代的发展。

（二）明确的实施结构主体

形成以企业为主的大型企业带动模式。

河北省唐山市供销合作社控股的唐山供销农业开发有限公司是"花乡果巷"田园综合体核心主导项目的建设者。因此，花乡果巷项目主要以唐山供销农业开发有限公司作为核心项目主导控股方；当地政府通过把握田园综合体的发展方向，来带动当地地方经济发展；综合体中被辐射和带动方则是多家民营企业；投资方主要通过项目发展，获取增值服务；各村居民以土地和梨树入股，通过承包温室获得利润分成。

4.2.3　山东临沂市沂南县朱家林田园综合体

一、项目概况

朱家林田园综合体项目位于山东省临沂市沂南县岸堤镇，距离县城 32 公里。项目规划总面积 28.7 平方公里，其中核心区约 3.33 平方公里，共辖 10 个行政村，23 个村民大组，总人口 16000 余人。该项目遵循"创新、共享、三美"的发展理念，按照"保护生态、因势利导、共建共享、培植产业"的原则，以农业创客及农民专业合作社为主，来建设"创意农业 + 田园社区 + 休闲旅游"的田园综合体。

二、发展思路

沂南县西北部的岸堤镇有着"山东小延安"之美誉，是山东省委党校和抗日军政干部学校建校地，同时也是苏鲁豫皖边区省委所在地。这里盛产沂蒙优质农小米、杂粮以及珍珠油杏、蜜桃等特色经济林作物。岸堤镇当地特色鲜明的农耕文化和农业体系是由一直以来以农业为主的经济结构形成，同时也保留了优良的山水自然生态。

项目围绕创意农业、文创产业、休闲旅游一体化的发展目标和"产业、休闲、生活、景观、服务"五方面功能要求，结合项目区田、山、林、水、路、湖等自然生态空间布局，把小米杂粮、优质林果等主导产业做强做大，同时培育乡村休闲、农事体验和创意农业等特色产业，再加快速度发展电商物流、乡建培训、创意孵化、康养度假、会议会展等新产业、新业态，最后通过配套道路、水利、通讯及农业水肥等完善基础设施。通过"从三进一""接二连三"和"由二带一"等多种方式，加强三产之间的联系，项目逐步实现了"三生同步""三产融合""三位一体"，建设出在政府引导之下，以农民合作社、农村集体组织为主，社会资本、返乡青年创客为辅的集农事体验、乡村旅游、田园社区、创意农业于一体的"独具特色的创意型田园综合体"。

三、整体规划

朱家林田园综合体项目整体规划了"一核两带五区"的空间布局："一核"指的是朱家林乡村的生态文化创意核心；"两带"指的是小米杂粮产业带及优质林果产业带；"五区"指的是田园社区、山地休闲运动区、创意农业区、滨水旅游度假区、电商物流仓储区。

朱家林田园综合体的主体是以生态文化创意为核心的。生态文化创意核心由返乡创业青年宋娜和设计师孔祥伟规划设计，重点打造以乡建培训、生态建筑、朴门农业、乡土文创、创意策划等以永续环保理念为核心的青年创客中心、沂蒙生态建筑实验基地、乡建学院、乡村生活美学馆等工程。

项目首期位于村庄的核心区块，由乡村生活美学馆、海绵街道、社区服务中心、原筑创意工作室、餐厅、再生之塔以及民宿区组成。二期项目在原有的基础建设上，不断地完善、升级业态。后续加入项目有社区客厅、朴门农场、杏林医民宿接待中心等，形成人才积聚、智慧积聚、资金积聚洼地与创意产业发展高地。

朱家林项目一直以来得到年轻群体的持续关注，有很多在外地的年轻人通过网络沟通或者实地调研了解情况之后，纷纷表达了回家乡发展的愿望。目前为止已经入驻朱家林田园综合体的企业有：新农人蚕宝宝家庭农场、中国乡村旅游创客示范基地、青年返乡创业平台、农业创客、桃木桃、天河中草药养生园、创意工坊、山东田间地头农业发展有限公司、89木作、村民工匠、草木染、泥喃陶艺等，这些返乡创业的新农人在返乡的同时还带来了丰厚的资源。

四、产业体系

项目发展核心为培育特色产业，以创意核心区的特色农业和乡村旅游做为主导引领，通过对空间布局进行优化，并充分融合康养、文创、研学等多种产业，致力于打造出集创意农业、田园社区、农事体验于一体的创意田园综合体。

创意农业：以创意产业的发展理念为基础，借助创意产业的思维逻辑有效地将人文和科技要素融合到农业生产当中去，逐步扩展农业功能并对资源进行整合，把传统农业发展为融生产、生活、生态为一体的现代农业。

农事体验：为城市游客、访客提供体验农事劳作的地方，使其通过田间劳作来品味乐趣，进一步促进乡村旅游业的发展。

田园社区：建设在农村的田园间，由新老住民共享的生活社区。在保留传统乡土文化和建筑结构的基础上原地修建，依照美学原理进行现代化改造来提升建筑美感和居住舒适度。

实行"旅游＋"和"生态＋"等模式，通过开发多功能性农业、打造农业产业集群和逐步发展创意农业，全面推进农业产业与教育、旅游、康养、文化等的深度融合，实现三产的深度融合和田园生活、生产、生态"三生"的有机统一。探索创造一套可复制可推广的生产生活方式，为乡村发展开创出一条集生产美、生活美、生态美的"三生三美"新道路。

五、建设管理和运行机制

建设模式：项目形成了以政府为引导，以农民合作社、农村集体组织为主体，农民群众、返乡青年创客共同参与的共建共享建设模式。

职能分工：

建设工作领导小组负责综合协调、整合资源，支持田园综合体发展；

园区管委会负责招商安商服务管理、规划统筹、产业培育；

乡建平台公司负责提供基础设施等资金支持、资产运营，发挥创新创业孵化器之作用；

镇政府和村委会负责做好广大群众的动员工作，以便提供更多更大的发展空间；

乡建平台公司和沂南县政府管委会的代表负责招商引资，承接美丽乡村产业链条创意企业进驻，投资基础设施和管理服务职能，充分调动资源建立机制；

领导机构：朱家林田园综合体建设工作领导小组。

开发机构：山东朱家林乡建发展有限公司。

管理机构：朱家林田园综合体管理委员会。

工作机制：

项目采用了建设工作领导小组牵头镇政府、村委会、管委会、乡建平台公司的工作模式及目标明确、协调统一、各司其职的工作机制。

在开发建设中坚持原住民不搬迁，开发公司、群众、村集体广泛参与建设的共建共享原则，最终共享发展成果。由村集体率先成立旅游服务公司及专业合作社，来负责土地流转、服务组织成立、房屋租赁等事宜，而后再与开发公司对接合作。旅游服务公司可通过将闲置土地、房屋入股开发公司，享受整体运营中三成的利润分红，其中所得收入中的六成用于全体村民分红，四成作为村集体收入。通过对政策性扶贫资金进行整合，将 400 亩土地流转交由合作社集中进行经营管理。对向日葵和春谷子进行统一种植，经创意包装后，由电商平台进行在线销售，预计每亩可以获得净收益 1000 元，最后受益六成可以用于村民利润分红，四成用于贫困户的保障。另外为项目开发提供配套服务，由合作社组建现代农业、民俗工艺、物业保洁、建筑业四支专业团队，可提成 5% 的管理费来用于村集体的收入。

除了参与村集体分红之外，村民还可以通过个体劳务、流转土地房屋、开办民宿等多种方式来增加收入。其中每年每亩流转土地可获取一千元左右收入，每户每年流转房屋可获取一千至两千元收入。据统计目前村庄内部总共 67 套闲置房屋有 40 套已签订租用合同，其中 22 套为贫困户房屋。旅游服务公司优先安排了村内 12 户有自主创业愿望的村民群众参与到项目经营，开办了农家乐、民宿等项目，其中有 4 户为贫困户。村劳务合作社优先安排贫困户进行就业，有 12 位来自贫困户的群众参与到不同的务工小组，人均获得月收入两千元。至 2016 年末，通过股份分红、土地房屋租赁、自主经营、务工、孝心养老等各方面的渠道，朱家林农民人均纯收入达到 1.06 万元。

朱家林村 10 个行政村人均增收 3000 元以上、村集体每年增收 50 万元以上，通过对田园综合体的开发，带动了全村劳动力就地就业，最终实现了村集体增收，同时实现了村民共同致富和贫困户脱贫的终极目标。

4.2.4 福建武夷山五夫镇田园综合体

一、项目概况

五夫镇田园综合体位于福建省武夷山市东南部，距离武夷山风景名胜区 45 公里，总规划面积 3.15 万亩，涵盖五夫村及周边 10 个村庄，是国家级田园综合体试点项目。

二、项目定位

五夫镇田园综合体以养生文化为核心，结合当地茶产业、莲产业，打造集农业生产、农产品加工、乡村休闲旅游、养生度假游于一体的复合型乡村发展典范。

三、整体规划

五夫镇秉承"绿水青山就是金山银山"的理念，深刻认识自然生态的重要价值，深入挖掘"朱子文化"历史底蕴，发展建设"一环八园"的田园生态链。

通过五夫环镇路将五宝园、五福园、朱子文化园、猕猴桃园、万亩荷园、朱子梅园、葡萄园、精品园串联在一起，形成集吃、住、行、游、购、娱于一体的全方位的旅游项目，打造成为武夷山市东翼文化旅游经济带的连接线。

四、产业体系

五夫镇以朱子文化为主题，入选了国家第二批特色小镇。2017 年入选国家农业综合开发田园综合体建设试点后，五夫镇在原有基础上积极推进五夫田园综合体的建设步伐，积极打造"三产融合""三生同步""三位一体"的产业发展体系。

万亩荷园：五夫镇白莲种植历史悠久，通过土地流转建设 3000 亩连片白莲种植基地，每年 6—9 月荷花盛开季节，吸引将近 20 万人次的游客来到五夫观赏荷花，同时还举办"荷花节""剥莲大赛"等农业活动，为万亩荷塘增色。

葡萄园：该项目位于五夫村的洋垅坂，共 320 亩，其引进种植的有夏黑、醉金香、黑珍珠、海沃德等高优葡萄及樱桃等水果新品种，已建设完成高标准（生产与观光采摘结合）钢架大棚等设施，打造集农业科普、水果采摘、游览观光为一体的生态园区。

猕猴桃园：占地 300 亩，发展以市场为导向，走产业化经营路线，充分发挥区域优势，建立集经济效益与社会效益于一体的现代农业新体系。形成了集猕猴桃苗木培养、猕猴桃深加工及猕猴桃休闲农业旅游为一体的一二三产融合发展的综合性项目。

朱子梅园：五夫村打造上百亩梅林种植园，完善诗、花、水、村四大主题，形成集农林、旅游、文化于一体的特色花卉主题休闲文化生态园，吸引大批游客前来观光。

朱子文化园：理学宗师朱熹曾在五夫学习居住 50 余年，现存朱子故居紫阳楼、兴贤古街、兴贤书院、朱子社仓等古迹 30 余处，同时众多经典古诗、各大家族家训广为流传，奠定了五夫文化旅游发展的基础。五夫镇以此为优势，打造了朱子文化园。兴贤古街上，供游客居住的民宿、五夫民俗和朱子文化的展示馆已建成，武夷山五夫朱子文化广场上已建成朱子雕像，雕像高 23.66 米，基座 1.4 米，与周边原生态的荷塘、田园一道，成为五夫镇新的旅游景点之一。紫阳楼修复工程、朱子文化广场建设、停车场、游客服务中心等配套设施都已投入使用。朱子文化园作为重头项目，以其特有的文化底蕴结合良好的生态基础与独特的山水格局，致力于将该区域打造成国际生态康养度假区、世界朱子研学中心和研学旅行基地。

五宝园：泥鳅、田螺、黄鳝煲、通芯白莲和文公菜是五夫镇的"五宝"。以白莲湾与熹塘荷园为代表的五宝园美食品尝区域，以五宝为主的朱子家宴使五夫农产品实现"从田间到餐桌"的完美转化，同时朱子家宴更被列为省级非物质文化遗产。

为保障原材料供应，五夫镇不仅有万亩荷塘种植区，保障白莲的质量与产量，同时引入种养、游玩、体验为一体的田螺湾养殖基地项目。该项目占地 300 亩，共分为田螺精养繁育区、高位储水区、休闲体验区三个区域。田螺精养繁育区引入"莲""菜""螺""鱼"多种农产共生技术，高位储水区用于淡水鱼养殖，其产生的粪便及残饵经过微生物分解技术处理后，通过底部排水工程输送到田螺精养区，为白莲和田螺提供生长养分，形成废弃物循环利用的绿色种养模式。此外，基地还积极探索稻螺共生、稻鱼螺共生等多种技术实验，均取得良好成效。武夷山市田螺湾生态农业有限公司运营武夷山规模最大的田螺育种基地，公司还将培育好的纯种五夫田螺苗给村民养殖，并提供技术支持，扩大田螺养殖范围，保障"五宝"市场供应，带动农民增收。

精品园：以促进三产融合为目标，以"田园工坊，五夫新景"为发展愿景，建设五夫镇农产品精深加工园。精品园位于五夫高速路口，占地 139 亩，主要从"互联网 +"入手，为特色、优质、传统的大宗农产品——粮食、白莲、茶叶、竹制品等的加工及展示提供空间与平台,重点引进优质大米、白莲食品、茶叶休闲食品、旅游食品、竹制品精深加工等具有高附加值产品精深加工技术的企业,生产出绿色、生态、有机的优质特色农产品,打造成优质、安全、标准化、品牌化的农产品精加工基地,形成集生产、加工、参观、购物于一体的五夫镇精品农产品购物基地,打造出五夫白莲、五夫家酒、五夫家茶、千号大米等五夫特色农产品品牌。

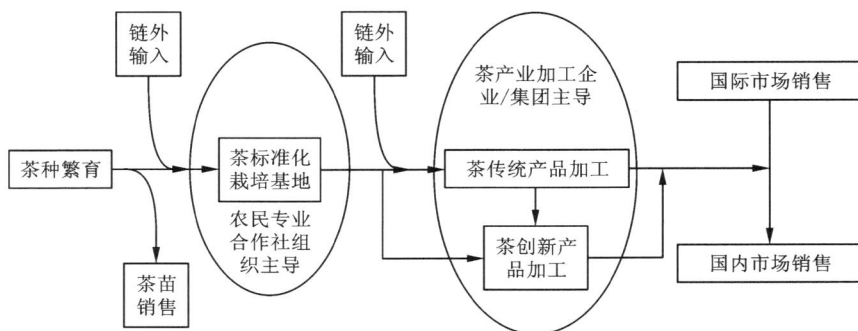

图 4-11 茶产业链示意图

五福园:以田园综合体试点项目建设为契机,打造五贤小区的艺术家小镇文艺区域,主要面向游玩的艺术家、研学团队、学生、游客群体。文艺区域总投资1个亿,总建筑面积3.1万平方米,建设房屋230余栋,拥有床位110个。主要建筑有写生楼、五夫里客栈、民宿、民俗文化展示厅、餐饮服务中心,另外还有小公园、休闲等配套设施建设。艺术家小镇日均可接待游客量3000人。

围绕田园资源并以农为本,打造农业产业集群,利用"农业""文化""旅游+""生态+"等模式,由"一环八园"串联起来的田园生态链正推动着五夫走向农业产业与旅游、教育、文化、康养等产业的深度融合与发展。

五、建设模式与借鉴

五夫镇田园综合体案例体现出了种植、加工、休闲等多个方面相互交叉形成的多业态复合型产业融合模式,而在五夫产业建设项目推动中最值得我们借鉴的是五夫独有的"生态银行"模式。

2017年,"生态银行"试点在五夫镇开始试行,不断探索自然资源管理、评估、流转、交易等方面的创新方式,摸索出一条将生态资源优势转化为经济效益,实现"绿水青山"向"金山银山"转化的典型路径。

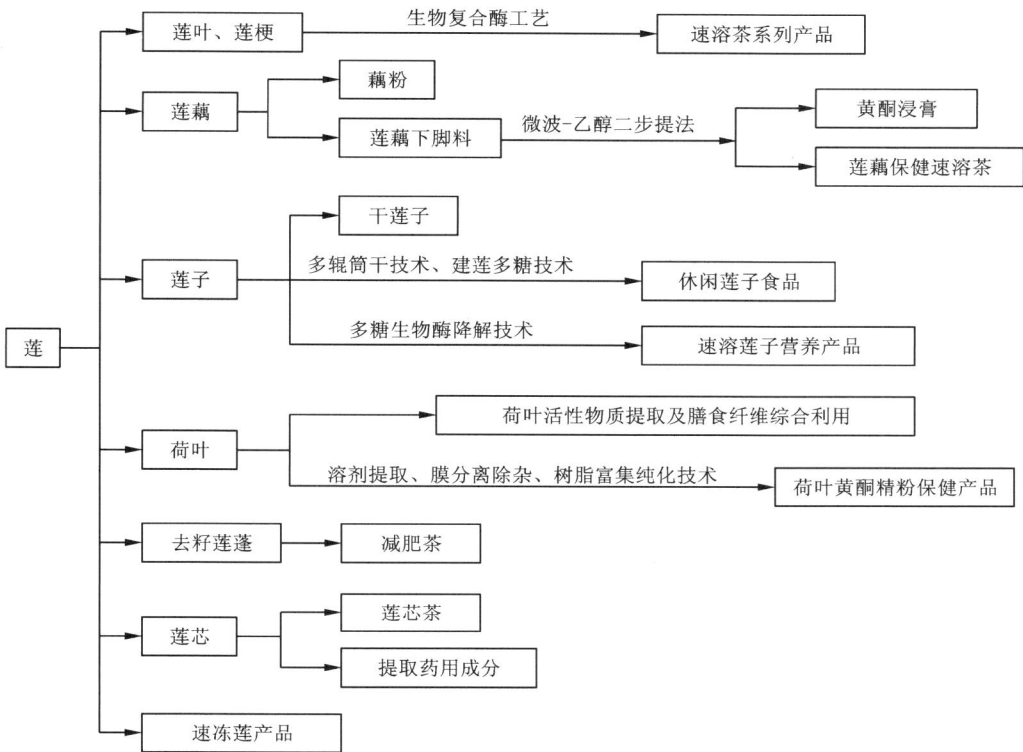

图 4 – 12 莲产业产品示意图

"生态银行"模式由收储资源、整理资产、引入资本三个阶段组成。资源收储分为"预存"和"实际收储"两种模式。"实际收储"是指通过直接购买、租赁、流转、股份合作、托管经营、使用权抵押贷款等方式，将区域内碎片化、零散化资源，纳入"生态银行"运营平台或武夷山市自然资源局、五夫镇政府、村集体。"预存"是指村民可将自有生态资源信息通过镇政府便民服务中心，登记并录入"生态银行"，纳入"生态资源一张图"并接受统一管控，遵守市、镇规划的管控要求。村民自有生态资源开发信息包括资源收储方式、收储价格、收储周期、收储用途等。据资料统计，"生态银行"运营公司已预存 1 平方公里土地资源，2.5346 平方公里林业资源，水资源集雨面积 42 平方公里，库容 380 万立方米，古民居 50 余栋。"生态银行"实施以来，五夫镇先后策划实施总投资 500 万元以上农业现代化项目 63 个，其中，已建成 33 个，正在建设 17 个，前期 13 个。还有多个属于还在洽谈中的农旅融合、文旅融合项目。

"生态银行"模式优势：

（一）摸清资源底数

通过"生态资源一张图"，将原分散于自然资源、林业、环保等部门的土地性质及规划信息集中到一起，为项目开发提供准确的方向和界限。预存模式具有生态资源优先开发、有限招商优势，极大地激发了农户的积极性，实现了资源底数和开发预期信息的低成本收集，为生态资源的开发打下了良好基础。

（二）打造开发平台

"生态银行"运营公司是由武夷山市政府成立的作为生态资源开发的主平台，同时五夫镇各个村集体各自成立村办公司，形成多层次的开发平台体系。在实际资源收储工作中，市级平台公司和村办公司既可相互配合，也可独立开展收储工作，有效降低了资源收储成本和农户违约风险。

（三）完善基础设施

生态资源由原生状态转化为可开发、可交易资产的整个过程，具有风险高、周期长、技术难度大等特点，社会资本一般不愿也无力完成。因此，整合生态资源需要政府发挥引导示范作用，将"生地"转化为"熟地"，降低社会资本的投资风险。

4.2.5 台湾清境农场

一、项目概况

清境农场位于台湾南投县仁爱乡，总面积约760公顷，海拔介于1600—2100米，景致清幽、气候宜人，被称为"雾上桃源"，该农场创建于1961年，是台湾著名的高山旅游度假胜地，也是台湾经典休闲农业项目之一。

二、项目定位

利用特有的高山优质牧场和山地景观资源，打造特色农场和风情民宿，吸引游客远离城市纷扰，前来享受独特的山地田园风光。

三、整体规划

清境农场通过公共交通和步道搭建交通体系，连接区域内各个节点，形成"点—线—面"联动的景区整体格局。

（一）点：公共服务设施 + 特色民宿

点主要指为游客提供便利的公共服务设施及农场特色民宿。农场游客服务中心为游客提供综合配套服务，完善景区接待功能。农场民宿多结合山体建造，风格各异，游客可体验异域度假风情。

农场民宿联合成立了清境观光发展促进会，采用联盟经营策略，通过促进会统一进行营销推广活动，并在地区发展规范、资源分配与协调、对外事务的利益争取上发挥了积极的作用，进一步推动了农场民宿的健康发展。

（二）线：车行路 + 步道

农场内部交通线路清晰，一条主要车行道贯穿南北，可通达农场各主要节点。结合区域特点设计的步道体系是农场交通体系一大亮点，多重步道体系设计完善了其内部交通的观赏性联动。

清境农场设有十大步道：翠湖步道、落日步道、柳杉步道、步步高升步道、玛格丽特步道、畜牧步道、观山步道、樱花步道、茶园步道及清境高空观景步道，其中玛格丽特步道和畜牧步道为清境农场畜牧管制区范围，不对外开放。每个步道行走所需的时间不一，从 15 分钟到 60 分钟不等。每一条步道都有独特的特色，游客可根据自己的喜好和路线选择不同步道体验。翠湖步道坐落在青青草原四周，这里拥有大片的茶园，看上去就像是湖泊般的碧绿青翠；畜牧步道可近距离接触羊群牛群；柳杉步道两侧柳杉成林，清幽静谧，是享受森林浴的最佳去处；落日步道是观赏落日美景的最佳步道；步步高升步道拾阶而上，寓意美好；一个个串联的步道适宜喜欢踏青、赏景、徒步等有不同需求的游客，让他们更了解清境农场的真实面貌。

（三）面：草场、牧场、花园和茶园有机联动

农场由草场、花园、牧场、茶园等不同主题片区组成，并配套相应的娱乐休闲活动，形成既相互独立又可通过内部交通进行有机联动的整体。

在文化体验活动规划上，清境农场通过挖掘当地傣族文化，打造萌文化创意产业等主题，开发出了节庆活动、美食体验等多种参与性体验项目。

四、产业体系

清境农场发展的休闲农业主要由农牧业与自然景观相结合打造而成。共分为四大产业区：

（一）绵羊区

清境农场园区众多，绵羊区养殖的绵羊种类繁多，模样可爱，深受游客的喜爱。主要品种有黑山羊、台湾乳用山羊和黑肚绵羊等。牧场还结合绵羊养殖打造出多种类型的绵羊体验活动，如绵羊秀、奔羊节等，游客可近距离与绵羊接触互动。

（二）牧牛区

清境农场创建初期，牛才是饲养的主角，绵羊只是小配角。经过多年的养殖，许多与当地气候条件相适宜的国外品种也逐渐引入进来，如原产于英国的安格斯牛、海弗牛，日本的和牛，还有德国黄牛、荷兰牛等，游客可观赏到来自世界各国的牛。清境农场安格斯牛在牧草新鲜、无污染、活动区域广大的环境下成长，成为台湾唯一安格斯牛肉的生产产地，其牛肉产品深受好评。

（三）高冷蔬果区

高冷蔬果区由高冷蔬菜区及温带水果区组成。高冷蔬菜区主要种植适宜冷凉性气候的品种，如高丽菜、大白菜、豌豆苗、菠菜等。温带水果区主要种植高山水蜜桃、猕猴桃、水梨、红娘果、香瓜梨、蜜苹果等香甜水果。通过"吃在地，吃当季"，游客四季皆可品尝到新鲜的蔬菜与水果，实现从产地到餐桌的连接，还可体验亲手采摘的乐趣。

（四）高山花卉区

高山花卉区种植多品类百合、郁金香、梅花、合欢杜鹃、樱花、金鱼草、海芋等产值较高的温带花卉。游客四季皆可欣赏到美丽的花景。

五、开发步骤

清境农场是通过多年的开发与完善形成的，初期依托草场等自然资源发展观光旅游，形成区域价值；后期植入休闲娱乐、特色民宿、文化体验等多元业态，发展成具有休闲度假、农牧体验、多主题设施等核心竞争力的知名的度假胜地。

六、经营机制

清境农场开发模式采用"大 club med"类旅游度假村开发模式，通过简单、有力的度假哲学，多种功能业态复合，依山就势，各景点呈分散式布局，可以定制个性化旅游服务，管理委员会统一经营管理。作为理想的郊区旅游度假集散目的地，这里营造出了人

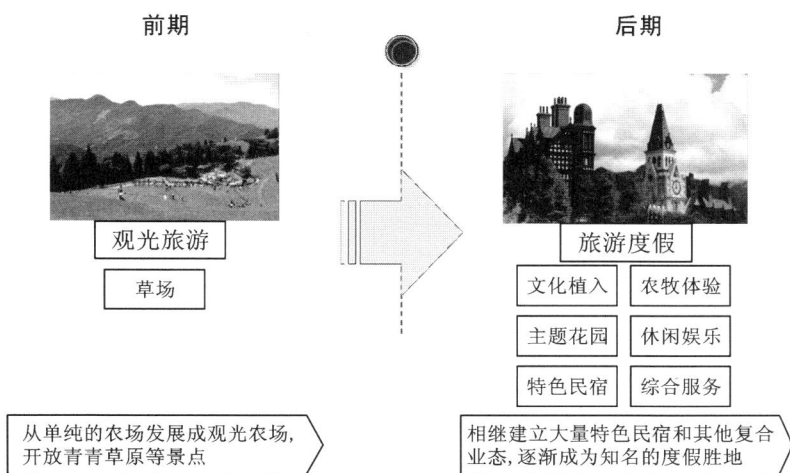

图 4 - 13　清境农场开发步骤

与大自然融为一体的生活方式。

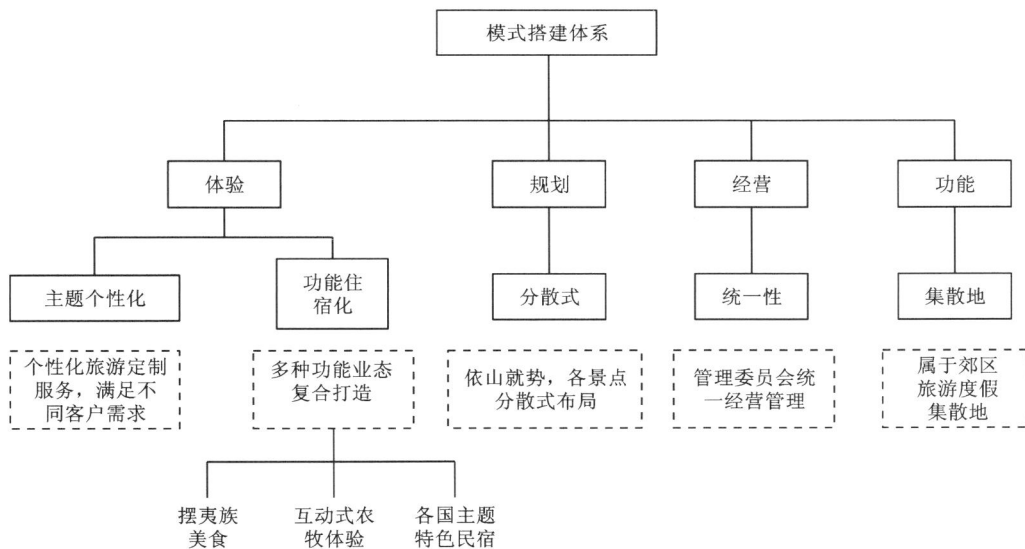

图 4 - 14　清境农场开发模式

七、盈利方式

清境农场采用核心设施自持，部分民宿与商业交由本地村民自营的盈利模式。自持部分由退出预备役辅导委员会统一管理，游客服务中心与休闲中心作为统一的配套设施服务农场整体，农场内各景点均单独收费，部分村民自营项目收益与景区无关。

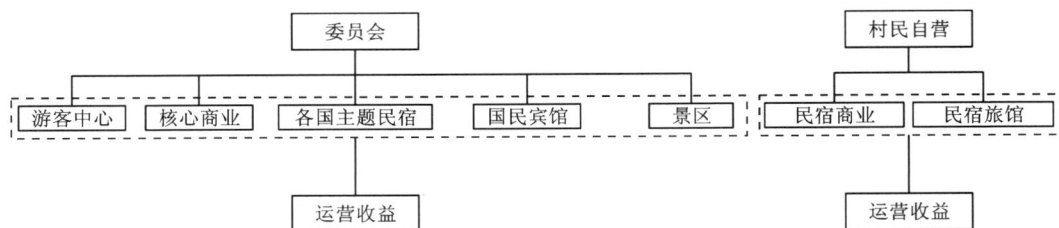

图 4 - 15　清境农场盈利方式

八、经验借鉴

清境农场经验借鉴：

1. 清境农场摈弃传统景区大规模开发植入模式，依托自身资源独特性，打造适宜乡村休闲的城郊农场。

2. 农场功能体系完善，依山就势，通过"点、线、面"形成有机联动的景区整体布局。

3. 将创意文化与当地少数民族文化融入到各项主题活动中，成为大众游客的核心吸引力之一。

4. 采用创新的盈利模式，统一经营农场。自持运营核心设施，只让少量村民自营项目，有利于农场整体服务和品质的把控。

4.3　国内田园综合体发展中需要注意的方面

田园综合体研究既是一个重大理论课题，也是一个复杂性的实践问题。田园综合体在实际发展过程中如何才能少走弯路，快速进入发展轨道，是值得我们深入思考和切实研究的。综合上文中对国内外相关案例的分析和借鉴，在此总结出了以下几个国内田园综合体在发展过程中需要注意的事项。

一、宜试点示范，不宜遍地开花

自 2016 年国家住房城乡建设部、国家发展改革委、财政部（简称三部委）联合提出到 2020 年在全国范围内培育 1000 个左右各具特色、富有活力的特色小镇以来，国内特色小镇的建设如火如荼。虽然发展初见成效，但一些地区却因盲目快速发展而偏离了国家政策的初衷，有些地区还存在着凭空打造特色小镇，甚至下达硬指标的情况，这些现象都为田园综合体的发展敲醒了警钟。

田园综合体是推动乡村发展的一种创新模式，我们只有对试点的实践经验进行深入研究，才能使其逐步在全国各地推广开来，切不可大干快上、遍地开花，陷入土地资源已消耗，但项目却无人问津的困境。我们要积极吸取过往的经验，治好我国城镇建设中的这一通病。

二、宜优选区域，不宜降格以求

中央一号文件中明确了"支持有条件的地方"发展田园综合体这一要求，从政策上明确了田园综合体建设的适应性条件。若无任何资源基础与优势，盲目建设，必然导致项目低质无序，难以实现健康可持续发展。

从目前确定的国家级田园综合体试点来看，大多数试点都是在美丽乡村或者特色小镇的基础之上，利用其已有的产业特色和相关配套进行扩充和发展，例如河北唐山的"花乡果巷"田园综合体，就是基于原"花香果巷"特色小镇基础上，带动和辐射周边四大区域和十大园区，来推动整个田园综合体的发展；山东的朱家林田园综合体则是依托柿子岭村的美丽乡村建设的基础，将其打造为朱家林田园综合体的核心组成部分。

由此可见，"有条件"并进行科学、合理的规划是田园综合体建设的重要前提。我们应依托区域的资源优势，并将优势发扬壮大，使田园综合体真正建在最适宜的地方。

三、宜重在田园，不宜大搞建设

田园综合体，生于田园、长于田园，建设田园综合体始终离不开农村的基础产业——农业。中央一号文件强调田园综合体是集循环农业、创意农业、农事体验于一体的发展模式，田园综合体主要产业应以农业为主，增强农业的科技引领作用，不宜采用城镇开发模式，大搞地产建设，破坏土地资源与乡村风貌。

"田园综合体"需要大量建设资金和前期投入成本，在上文中提到的阳山田园东方项目，从其总体投资额度来看，一期已经投资 18 亿元，其中 12 亿元是用于房地产项目的开发，尽管是国内首个落地的田园综合体项目，融合了农业产业和文旅产业，但该项目的主要盈利点仍是度假地产。因此，在建设田园综合体的过程中，如何既能保证田园综合体以"田"为本，又能保证持续的获益空间，这是值得我们深入思考和继续研究的地方。田园综合体应该着眼于经营型产业的营造，摆脱传统地产思维模式，将出发点立足于地方产业培育与区域经济发展上。

四、宜精心规划，不宜放任自流

纵观每一个国家级田园综合体试点工作的开展，都是先有总体的规划策划继而以其来指导整个田园综合体的建设和发展的。例如在山东朱家林田园综合体的建设过程中，先有项目的总体定位与目标，进而确定了项目的规划结构和功能分区，并对该综合体的产业培育做出了重点策划；此外，在建设过程中还有一批年轻的设计师和创客进入到村庄，用他们的精心设计和创意为村庄各个方面带来了新的生机和活力。由此可见，从前期宏观规划到创意策划到后期的精细化设计，精心的规划、策划与设计贯穿于朱家林田园综合体发展的全过程之中，并发挥了重要作用。

习近平总书记说过，"规划科学是最大的效益，规划失误是最大的浪费，规划折腾是最大的忌讳"。田园综合体的建设不能急于求成，必须坚持规划先导、规划引领、规划管控，实现健康良性发展。

五、宜彰显特色，不宜过于同质

在国家级的田园综合体试点中，产业类别多样，有花卉、水果种植与康养旅游结合的，也有蔬菜种植、家禽养殖与创意农事体验结合的；有种植业与文创经济、亲子游乐结合的，还有茶叶种植与历史文化游相结合的，等等，农业与旅游、文化、教育、康养等不同的产业之间进行着排列组合，呈现出本质相同、构成却各异的一个个各具特色的田园综合体。

田园综合体应立足于自身区域优势，形成自身发展特色。只有特色鲜明的田园综合体，才能符合有效供给的需求，成为区域发展持续的驱动力。自然特色与人文特色是田园综合体特色打造的主要方面：自然特色的打造，主要遵循原汁原味的原则，展现一方水土"人无我有"的独特性。人文方面，应充分挖掘区域民俗文化、物质与非物质遗存，并使其充分融入至田园综合体建设项目中，成为项目的独特吸引点。

六、宜以市场为主体，不宜行政指令

中央一号文件明确提出，建设田园综合体要"以农民合作社为主要载体，让农民充分参与和受益"。在推动田园综合体建设的过程中，一定要妥善处理好政府、企业和农民三者之间的关系，要把主体摆清楚，尊重群众的意愿，畅通民意表达的渠道，以农民合作社为主要载体来开展工作。促进当地劳动力的就业，实现村集体和村民共同致富的目标。对地方政府来讲，特别需要注意的是，不能搞指令性计划，把市场行为变为政府行为，任意大建大造田园综合体。

七、宜改革联动，不宜短期行为

田园综合体需要创新发展模式，政府需对在田园综合体建设中涉及的财政支农投入机制、农村金融创新、集体产权制度改革、建设用地保障、经营模式创新等方面的问题，进行引导和支持，探索出适宜的改革道路，达到最大程度惠民增收的目的。同时在田园综合体试点过程中，更要予以精心指导、支持和呵护，有效推进体制机制方面的探索创新，让田园综合体建设顺利起步、积累经验、健康成长。

此外，从中央及省财政对国家级综合试点的拨款来看，一般是先建后补、分批拨付，并要求试点项目1—3年完成，1年有成效，2—3年有大发展。而从长远来看，后期运营和成长维护所需要的时间更久。总之，田园综合体的整体发展应是一个循序渐进的过程，不是短期内就能够实现的。

第 ② 部分

产业篇

第 5 章

田园综合体产业发展背景

务农重本，国之大纲。改革开放 40 年来，"三农"问题始终是关系国计民生的根本性问题，也是全党工作的重中之重。党的十六大确立城乡一体化发展格局，十七大将"三农"工作放在党的重中之重地位，十八大提出走"四化"同步发展道路，十九大提出实施"乡村振兴战略"，在党和国家政策的引导下，我国乡村呈现出多元化发展的态势。从建设社会主义新农村，到建设美丽乡村、特色小镇、田园综合体，从关注农村生活设施到关注农业生产设施再到关注乡村产业的进一步发展壮大，体现了不同时代背景和发展阶段下，国家对于乡村发展模式递进式的思考和探索。

伴随着新时代号角的吹响，我国乡村的发展进入了挑战与机遇并存的新阶段。一方面，在持续的强农富农惠农政策下，我国农业与农村发展都取得了一定成就，主要体现为农村的生态、经济、社会效益多方面获得提升，尤其在农民生活的改善、收入水平的提高上效果显著，但在实际的发展过程中，长期以来累积了许多现实问题，部分乡村由于不顾自身条件一哄而上搞乡村旅游、过度消费乡村生态资源以及乡村孤立化等问题，产生了投入与产出倒挂、同质化严重种种现象，导致农业生产滞后、农产品单一、库存过量，阻碍了农村发展。另一方面，党的十九大提出的"乡村振兴战略"是根植于中国社会主要矛盾已发生变化这一新的时代背景下的，是从生产、生活、生态等多个方面对之前的三农政策的汇总和升华，为更好地解决三农问题提供了新的思路和要求，必将对乡村未来的发展产生深远影响，为我国乡村的复兴和发展带来新机遇。

5.1 我国乡村产业发展现存问题

产业兴则百业兴。与城市一样，产业同样是广大农村经济建设的核心和农村发展的重要基础，实现乡村"产业兴旺"，是乡村振兴的核心。2017 年中央一号文件提出深入推进农业供给侧结构性改革；2018 年中央一号文件强调提升农业发展质量，培育乡村发展新动能；2019 年中央一号文件再次强调发展壮大乡村产业，拓宽农民增收渠道。而当前阶段，我国发展不平衡不充分问题在乡村最为突出，我国农业还是"四化"同步的短腿，农村还是全面建成小康社会的短板，从农村产业发展来看还存在以下四个方面的问题。

5.1.1 缺乏系统性指导，同质化竞争严重

我国乡村的发展虽取得了历史性成就，但在实践过程中，我国乡村幅员辽阔、人口众多、自然地理环境复杂，给乡村发展和产业定位的精准性带来了难度，许多村庄存在着一定程度上的行为偏差，主要体现在以下两个方面：

一方面，乡村发展缺乏系统性、综合性的指导。受社会经济发展阶段的局限，长期以来农村的产业发展没有受到地方足够的重视。从规划的角度来看，在社会主义新农村建设阶段，农村的重点在于基础设施的完善和村民住房建设，许多村庄的产业规划并没有结合当地实际，也没有体现前瞻性，一些偏远地区村庄的产业规划甚至是空白的，村庄产业规划逐渐受到重视是在美丽乡村建设之后。但从目前各种类型的村庄规划来看，要真的形成一村一品，一村一业，不是单靠一张简单的产业规划图就能够解决所有问题的，要实现真正的产业兴旺，乡村需要产业策划专题，通过顶层设计制定整体策略，整合区域的"钱、地、人"资源，力求打出财政、土地、人才一体的漂亮组合拳，为村庄的发展和产业振兴作出精准定位。

而另一方面，乡村产业容易陷入千业一面的同质化境地。继美丽乡村建设在全国兴起之后，休闲农业和乡村旅游成为我国农业经济发展的新动能、新业态，乡村休闲旅游产业在全国遍地开花，既提高了当地村民的收入水平，也为久居城市的人们提供了亲近自然的空间，这种旅游休闲型乡村发展模式在浙江德清的莫干山镇表现得淋漓尽致，高端民宿为莫干山唤醒了一个新的产业，让曾经沉寂的乡村成为国内乡村休闲度假的新标杆。但并不是所有的乡村都适合发展休闲旅游，在乡村产业发展不断加快的同时，也出

现了千业一面、同质化竞争严重、产业特色不明显、经济效益不高等问题，部分乡村由于定位出现偏差，只顾追求眼前的经济效益，而忽视了需要长远发展的基础性产业，如农村的第一产业和第二产业，抛开实际过度开发旅游，将三产作为"杠杆"撬动整个农村发展，脱离了产业发展的本质。例如陕西安康的龙头村，早年在政府的主导下，村内建设了仿古一条街、秦楚农耕文化园、观光茶园等特色景观，在短暂的热闹过后，因为缺乏市场引领和产业带动，发展缓慢，逐渐对游客失去了吸引力。由于旅游产业尚未做强，同时村上也未形成其他规模产业，农户们在土地流转后很难找到其他致富门路，青壮年劳动力基本在外打工，乡村的发展便又重新陷入了困境。

5.1.2　供给结构矛盾凸显，产品品质难合需求

农业稳，天下安。改革开放 40 年来，中国农业发生了惊人变化，但农业生产的发展仍不能适应经济发展的新要求，不能满足消费者消费需求的新变化。

国务院参事邓鹰在新华网思客问答《改革开放 40 年 40 问》特辑中提到，在改革开放初期，我国农业面临的主要问题是总量不足，农产品短缺，因此在改革开放以来很长一段时期里，我国农业发展都围绕着增加产量这一主要任务在奋力拼搏。经过多年不懈努力，我国农业农村发展不断迈上新台阶，已进入新的历史阶段，农业的主要矛盾由总量不足转变为结构性矛盾，突出表现为阶段性供过于求和供给不足并存，矛盾的主要方面在供给侧。例如，我国玉米等粮食库存高、国内外农产品价格倒挂、农民增产却难增收，还有部分乡村在基本农田上大量种植经济林果、发展采摘旅游，产生了树种不结果、口感低等低产能现象，形成低质量的产品类型。

十九大报告指出，我国社会的主要矛盾已经转化为人民对日益增长的美好生活需要和不平衡不充分的发展之间的矛盾。而民以食为天，高质量的农产品供给是人民对美好生活的需要的重要组成部分，这就意味着农产品供给不仅要数量充足，还需契合消费者对中高端品质的需求，农业的供给端只有进行产业结构的转型升级，才能够满足新时代的农产品需求。

5.1.3　产业链条短，产业融合低

从产业之间的关系来看，我国乡村产业间联系不紧密，一二三产业大部分处于孤立发展状态，产业融合层次低；农业生产、加工、销售的联接不够紧密，仍未形成高效完整的产业链，产业链条短。主要体现在以下几个方面：

首先，乡村第一产业向二三产业的延伸度较低，多以初级农产品供给为主，很少进行深加工，从田间地头到餐桌的产业链条不健全。这种仍然以传统的种养殖为主要收入

来源的模式，受自然及市场因素影响较大，产品质量也缺乏保障并难以提高，农业产业化、规模化水平不高，缺乏集"生产、加工、物流、销售"为一体的产业融合体系，最终导致农民增收步伐缓慢。

其次，乡村第二产业连接两头不紧密，多数农产品以初加工、粗加工为主，精深加工基础差，加工设备技术落后，呈现出产品综合利用程度低、加工转化率低、附加值低的三低状况，最终导致产品的市场竞争能力弱，产业综合效益没有发挥出来，产业发展明显滞后。例如，重庆忠县的柑橘产业已经实现了"从一粒种子到一杯橙汁"的产加销一体化产业链，成为全县的支柱产业和命脉工程，但目前我国南方大多数地区的柑橘产业仍以鲜果销售为主，由于经济效益较高，种植面积逐年扩大，近年来产量已经近趋饱和，出现了滞销的情况，如果不积极寻求产业转型，将会面临市场的严峻考验。

再次，乡村第三产业发育不足，农村生产生活服务能力不强，产业融合层次低，乡村价值功能开发不充分，农户和企业之间利益联结不紧密。例如，我国多数地区的乡村休闲旅游仍停留在以餐饮、住宿、水塘钓鱼、棋牌、农产品采摘等传统业态为内容的"农家乐"时代，一方面缺乏真正具有乡村特色和体验的内容，且新元素、新产品与新业态引入不足。另一方面农业与旅游、教育、文化、健康养老等产业融合度较低，产业链条有待完善。反观近年来国内乡村旅游发展较好的袁家村，是乡村一二三产业融合发展的生动写照。最初的袁家村也是在村干部的带动下从农民个体经营的"农家乐"开始的，后来通过特色小吃街的建设，吸引特色餐饮、旅游商品等资源的入驻，提升了乡村旅游层次，继餐饮业态成熟后又打造"月光下的袁家村"，发展酒店住宿、酒吧等夜间经济——总之，不断创新产业形态是袁家村得以持续发展的精髓所在。当地的村干部表示，袁家村不仅仅是在做旅游，最终目的是做大做强农产品，让安全可靠、原汁原味的农产品成为袁家村的金字招牌，并通过农产品深加工带动农民增收致富。目前村内通过成立股份公司、群众入股的方式，基本实现了"全民参与、共同富裕"。

5.1.4 经营体制机制落后，发展制约因素较多

党的十八大报告中明确提出，要坚持和完善农村基本经营制度，依法维护农民土地承包经营权、宅基地使用权、集体收益分配权，壮大集体经济实力，发展农民专业合作和股份合作，培育新型经营主体，发展多种形式规模经营，构建集约化、专业化、组织化、社会化相结合的新型农业经营体系。而党的十九大报告则更进一步提出了：要促进乡村发展就需要推动农业生产、经营、产业体系的现代化。从国家宏观政策可以看出，创新农业的生产经营体系非常重要。但在快速的工业化、城镇化进程中，我国农业经营体制机制中农村经济结构、产业结构、人口结构、就业结构很难适应快速变化的现代社

会的问题已日益突出，乡村产业的发展面临着诸多制约因素，主要体现在"钱、地、人"等方面的矛盾。

例如，在金融机制方面，农村资金投入机制尚未建立，金融服务明显不足，乡村资源变资产的渠道尚未打通，不利于乡村产业的持续发展和稳定。在乡村用地方面，长期以来的小农经济导致农村用地分散、零碎，土地使用方式不集约，一些现代农业配套设施用地得不到保障，乡村新产业新业态用地自然是难以满足。在人才方面，长期以来大量农村人口涌向城市，农村青壮年劳动力流失，务农农民整体素质不高，乡村产业发展普遍面临人力资源短缺的难题，既缺少与市场经济要求相适应的经管、营销、电商、金融等人才，也缺少与乡村产业发展相契合的本土实用技术人才。这些问题都需要采取有针对性的措施加以解决。

5.2　新时代下的田园综合体产业体系

进入新的发展时期，我国乡村产业的发展必须依据各地资源条件、经济基础等状况展开，积极搭建能够稳定地承载、传递和催化产业发展的新平台，这是乡村产业振兴的关键所在。而以农村农民合作社为主要载体、让农民充分参与和受益，集循环农业、创意农业、农事体验于一体的田园综合体，是在目前城乡一体化大格局下，顺应农村供给侧结构改革、乡村社会经济全面发展的产物，是作为乡村新型产业发展的亮点措施。它的建设目的是让农业不再是简单的种植和养殖，而是能与生态、休闲、文化创意、文化传承等更多产业相结合的复合型农业；农村不再是留守老人、留守儿童的代名词，而是能够安居乐业、老有所依、设施完善、乡风文明的新型农村社区；农民不再是每天面朝黄土背朝天，而是向拥有更多现代化技能的新型职业农民转变。因此，作为新时代下解决三农问题的重要途径和方式，田园综合体的产业体系呈现出新的特征和构成。

5.2.1　田园综合体产业体系特征

一、促进产业结构优化升级

田园综合体的建设主张面向市场、围绕需求发展农村产业，力求实现产业结构优化升级，实现农业增效、农民增收，使特色产业成为田园综合体可持续发展的原动力。其特点主要体现在以下三个方面：

首先，优化一产，发展区域特色农业。农业产业是田园综合体的核心，以农业产业为基础是田园综合体有别于特色小镇与城市社区的最显著的标志。田园综合体的建设从农业产业这个核心入手，根据市场需求和当地资源禀赋优势，优化农业产业结构、产品结构，扩大有效供给，大力发展绿色、优质、特色农产品，探索农业产业适度规模经营，推进规模农业的发展和农业产业化进程。在此过程中，既不能搞变相的房地产开发，也不能大兴土木、改头换面搞旅游度假区。

其次，壮大二产，提升农业产业品牌。田园综合体的第二产业在整个产业体系中起着承上启下的作用，可以将农产品变为方便旅游者消费、携带的加工产品，这样能使农产品更加多样化、多功能化，从而也更具观赏价值。农产品加工业需要依托本地的一产基础，提升产品附加值，打造特色农产品品牌，建立生产、加工、品牌建设、销售链条，带动区域农业产业向二次产业延伸，带动群众增收致富，促进区域经济的增长。

最后，做强三产，大力实施产业振兴。田园综合体的第三产业既包括民宿、农业休闲旅游、休闲采摘、科普教育等传统乡村旅游项目，还包括乡村自驾游、乡村度假游、乡村休闲游、乡村民俗游、乡村文化游等乡村旅游新项目，以及整合当地历史文化资源和非物质文化遗产形成的文创产业。除此之外，田园综合体的第三产业还可以是结合一产的农技推广、农产品质量服务等农业生产性服务业，以及结合二产的品牌、加工、物流配送及金融服务业。通过第三产业的发展，为乡村旅游、现代农业和美丽乡村注入活力，实现乡村产业复兴。

二、推动三产深度融合发展

以往的农业产业园或农业综合体的发展大多按照单一项目来推进，非农产业比重低，二三产业融合发展相对滞后，不利于实现农业的多功能性和产业链的整合。而由"现代农业＋休闲旅游＋田园社区"三大功能板块构成的田园综合体，以农业增效、农民增收为目标导向，发展农业特色产业和衍生产业，延伸产业链，推动多元产业融合，是农村一二三产业融合发展的支撑和主要平台。

根据国家政策要求，田园综合体在推进过程中，不仅强调注重农业产业自身的发展，同时更注重发挥农业的多功能性、健全农业循环经济体系，以此带动农业产业"优一进三"。即由单一产业向一二三产业联动发展，从单一产品向"田园＋休闲度假""田园＋会议会展""田园＋文化创意""田园＋体育运动""田园＋健康养老"等综合旅游产品的开发升级展开积极探索，从传统的村庄建设用地向以田园休闲度假、养老养生等为一体的综合性土地利用模式升级。田园综合体的建设是在一定的地域空间内，将现代农业生产空间、居民生活空间、游客游憩空间、生态涵养发展空间等功能板块进行组合，并在各部分间建立一种相互依存、相互裨益的能动关系，打破乡村原来的孤立化发展困境，为乡村的发展与城市的需求和资源穿线搭桥，为农业的持续发展和乡村振兴提供重要支撑，为传统农业向现代农业的加速转变提供新的动力，促进城乡统筹发展，实现农村经济的快速增长，成为乡村振兴战略最重要的助力与载体之一，催生着农村的新产业新业态。

三、实现全产业链闭环发展

田园综合体作为三产融合、供给侧改革的重要方向与措施，被寄予了实现"三农"问题全面深化改革、带动乡村实现振兴的厚望。田园综合体产业发展的终极目标不是简单地将农业与旅游业相结合，而是让各个产业板块形成全产业链闭环模式，实现产业链的创新整合。这种全产业链发展模式是以"研、产、销"高度一体化经营理念为主导的商业模式，将传统的上游原材料供应、中游生产加工、下游的市场营销全部纳入掌控之中，坚持"以价值为目标、以用户为中心、以市场为导向、以持续发展为原则"共创、共赢、共生的理念，最大程度汇聚各类市场要素的创新力量，推动新兴业态成为经济发展新动力，促进传统产业获得新的增值模式。

与单一的产业链不同的是，田园综合体的整个产业链并不是简单的线性链条，而是一个以结构搭建为核心，以产业链、供需链、效益链、产品链、执行链等多个链条为网络，形成的圈层状、复合式的闭环发展的网状结构。这个闭环结构是不断循环的，是牵一发而动全身的，可以快速反馈并解决田园综合体建设过程中纵向断层、横向失联，重成果、轻效果，抄袭堆砌成风的问题。可以预见，未来田园综合体的发展将会全链渗透、环环相扣，各个产业间的相互渗透、相互协作将会产生更大价值的综合效应，通过产业形态创新推进发展成产村融合、人文引领的新型平台。

四、完善产业发展保障体系

为了消除传统农业产业发展过程中的众多制约因素，在国家政策的鼓励与支持下，田园综合体的建设在用地保障、财政扶持、金融服务、科技创新应用、人才支撑等方面提出了许多明确举措。

在用地方面，已在建设用地保障机制方面作出探索，在采取严格的耕地制度的前提下，避免一刀切，鼓励将用好增量土地与盘活存量土地有机结合，通过宅基地"三权"分置改革，适度放活宅基地和农民房屋使用权，为田园综合体的产业发展提供条件。例如，政策规定：利用存量地区建设用地进行农产品加工、冷链、物流仓储等二产项目的建设或用于小微创业园、休闲农业、乡村旅游、农村电商等三产项目的市、县地区，有关地方可以给予新增建设用地计划指标奖励。

在财政、金融方面，田园综合体作为一个大的平台，积极创新财政投入使用方式，探索推广政府和社会资本的广泛合作，鼓励各类金融机构加大对田园综合体建设的金融支持力度，积极统筹各渠道支农资金支持田园综合体建设。同时严格控制政府债务风险和村级组织债务风险，不新增地方政府债务负担。

在科技创新应用方面，积极与国家、省级农业科研机构对接，强化技术支撑，形成产学研一体的价值链；发展"互联网＋农业"，通过搭建电子商务交易平台，拉近生产者和消费者之间的距离，简化中间环节，增加农户收益。整合农村电子商务服务站，完善农村物流配送体系，实现产业与市场的无缝对接。最终达到农电商、电农商交互结合的目的，助力农业转型升级，推动我国农业产业的迅速发展。

在人才支撑方面，除了田园综合体体系各方面涉及的科技、运营、管理、营销等专业技术人才，在建设的过程中，主张积极培育新型职业农民，就地培养更多爱农业、懂技术、善经营的实用技术人才；田园综合体平台催生的新产业、新业态，能够吸引更多青年人才投身田园综合体的建设和乡村的发展。通过多种方式的人才转化和引进，为乡村振兴保驾护航。

5.2.2 田园综合体产业体系构成

在田园综合体的体系建设中，产业体系在六大支撑体系中占据重要地位，从产业的发展路径来看，田园综合体将循环农业、创意农业、农事体验有机结合，通过各个产业的相互渗透融合，把休闲娱乐、养生度假、文化艺术、农业技术、农副产品、农耕活动等有机结合起来，拓展现代农业原有的研发、生产、加工、销售产业链，使传统的功能单一的农业及加工食用的农产品成为现代休闲产品的载体，发挥农业价值的乘数效应，形成真正的田园综合体产业体系。

而从产业集群的分工与合作来看，田园综合体的产业体系包括核心产业、支持产业、配套产业、衍生产业四个层次的产业集群，它们是贯穿于田园综合体产业闭环中的具体项目。在田园综合体的规划建设过程中，我们可根据区域具体情况和产业发展状况对各产业子项进行新的排列组合和优化，但其核心产业仍是不变的。

一、核心产业

田园综合体的核心产业为集循环农业、创意农业、农事体验于一体的现代农业，换言之，现代农业是田园综合体可持续发展的核心驱动力。围绕现代农业，田园综合体以特色农产品和园区为载体开展农业生产和农业休闲活动。

二、支持产业

田园综合体的支持产业是指支持核心产业农产品的研发、加工、展示、销售的企业集群，以及为核心产业服务的金融、电商、互联网平台、物流、教育、培训、会议会展、媒体、信息中介等企业。

三、配套产业

围绕田园综合体的核心产业和支持产业，进行产业支撑与配套服务的企业，比如旅游、餐饮、酒吧、娱乐、民宿、商业等方面的企业。

四、衍生产业

在规划确定核心产业、支持产业和配套产业之后，根据需求打造的以特色农产品和文化创意成果为要素投入的其他企业群。

第6章

田园综合体产业体系分类

6.1 核心产业

农业，尤其是现代农业是田园综合体的基础产业；相关企业，以农业产业园区的形式发展农业产业，形成当地社会的基础产业，再通过休闲农业、创意农业、循环农业打造特色产业核心聚集区，推动消费产业升级。

6.1.1 休闲农业

休闲农业是指利用农业景观资源和农业生产条件，发展自然观光、乡村休闲、旅游活动的一种新型农业生产经营形态，是深度开发农业资源潜力，调整农业结构，改善农业环境，增加农民收入的新途径。

休闲农业具有农业和旅游业的双重属性，田园综合体中的休闲农业大致可分为田园农业＋旅游、民俗风情＋旅游以及农家乐三种主要模式。

一、"田园农业＋旅游"模式

该模式主要是以田园景观、农业生产和特色农产品为吸引物，开发粮食作物、果蔬、花卉、渔业、牧业等不同特色的农业主题旅游活动，满足游客了解农民生活、享受乡土情趣、回归自然的心理需求。具体可分为田园农业游、园林观光游、农业科技游及务农体验游等类型。

二、"民俗风情 + 旅游"模式

以乡村风土人情、民俗文化为旅游吸引点，充分挖掘农耕文化、乡土文化和民俗文化特色，开展农耕展示、民俗节庆、民间歌舞、民间技艺、民族服饰等体验活动，满足游客体验奇风异俗的猎奇心理。具体可分为农耕文化游、民俗文化游、乡土文化游、民族文化游等类型。

三、农家乐

农家乐是指利用自家庭院、自家农田、山林、菜地等资源及自家出产的农产品，结合农家周围的田园风光与自然景点，以低廉的价格吸引游客前来放松身心、舒缓压力的旅游方式。农家乐的主要特点为规模小、消费低、农户直接参与经营。主要体验模式有农业观光、民俗文化体验、古村古宅观光、食宿接待、农事参与、休闲娱乐等。

6.1.2　创意农业

创意农业是指有效地将科技和人文要素融入农业生产，进一步拓展农业功能、整合资源，把传统农业发展为融生产、生活、生态为一体的现代农业。创意农业摆脱了传统农业低产、低效的开发模式，融入了文化艺术、科技元素，把传统开发与文化开发结合起来，提升了农业生产的产品附加值，有助于农业增产、农民增收、农村繁荣，推动农村经济、社会全面发展。

田园综合体中创意农业的发展模式可分为农业景观设计模式、农业节庆模式、农业主题公园模式及农业科技创意模式等。

一、农业景观设计模式

农业景观设计是通过挖掘农业的自然人文要素、历史文化要素、地域环境要素，运用创新创意、科学技术等方式去形成满足人们审美、学习知识、康养、游乐、农产品采购等多种需求的田园审美综合体。主要表现形式有花田景观、农田艺术图案打造等。

二、农业节庆模式

农业节庆是将当地农耕文化、民俗风情与主导农业产业结合融入传统节日或主题庆典而开发的节庆活动，是兼顾体验与消费的农业活动，具有推动区域文化发展，使农产品品牌化，促进农业会展、贸易、交流等行业发展的作用。世界著名的创意农业节庆活动有：法国柠檬节、墨西哥红萝卜节、美国半月湾南瓜艺术节等。

三、农业主题公园模式

农业主题公园是通过对特定农业主题的整体设计，将农业生产场所（包括新技术、新品种展示）、农产品消费场所及休闲娱乐场所结合在一起，形成一个融娱乐、休闲、观光、购物、科普于一体的大型农业公园。农业主题公园以现代农业种植为基础，对农业主题文化进行充分挖掘展示，创造出特色鲜明的农业体验空间，使游客获得完整、丰富的游览体验。

四、农业科技创意模式

农业科技创意是指利用现代科技手段进行农业生产，在表现形式上改变了传统农业在人们心中的固有印象，形成新的农业景观。例如美国的"垂直农场"，它是一种新型室内种植方式，采用无土溶液栽培，可以将污水转化成电力，大大降低能源成本，同时能够提供更多的食物。垂直农场颠覆了传统农业土壤化、平面化的种植模式，节约了大量土地资源与使用空间，且能获得高效能的农业产出。

6.1.3 循环农业

循环农业是指在农作系统中推进各种农业资源往复多层与高效流动的活动，是运用物质循环再生原理和物质多层次利用技术，实现较少废弃物的产生而资源利用效率又得以提高的农业生产方式。我们可以此实现节能减排与增收的目的，促进现代农业和农村的可持续发展。循环农业作为一种环境友好型农作方式，具有较好的社会效益、经济效益和生态效益。

循环农业的类型主要有：种养加一体化模式、立体模式、物质再利用模式、减量化模式与资源化模式等。

一、种养加一体化模式

种养加一体化即将种植业、养殖业与加工业有机联系于一体的循环农业经济模式。该模式依托当地粮食、果蔬等种植资源和鸡鸭、牛羊等养殖资源，以农产品加工企业为主体，形成"龙头企业＋农业合作社＋农户"的组织运作模式，最终实现农产品循环价值产业链延伸。种养加一体化模式可高效整合区域内种植、养殖与加工业的优势资源，实现产业集群化发展，提升区域农业产业整体实力，从而有助于当地优势农产品品牌打造。

二、立体农业

立体农业即利用光、热、水、肥、气等资源，对种植业、养殖业等资源在空间、时间和功能上进行多层次综合利用的优化高效农业。立体农业分为同基面和异基面两种类型，同基面指在相同平面内呈现出的种植、养殖、加工等产品的不同组合方式。如林—草—牧、果—菜、鱼—桑—鸡、稻—鱼、稻—虾等间套模式以及设施立体农业等。异基面指在不同海拔、地貌、地形条件下，农业的差异化布局。如江西千烟洲立体山区农业、黄淮海平原的鱼塘—台田模式等。

三、物质再利用模式

物质再利用模式是指在农业产业链中让农业废弃物实现多级循环利用，即将上一产业的废弃物或农产品作为下一产业的原材料。如秸秆、畜禽粪便的再利用。秸秆再利用模式即以秸秆为纽带，以种植、养殖龙头企业为主体，构建"秸秆—青贮饲料—养殖业""秸秆—基料—食用菌""秸秆—成型燃料—燃料—农户"等产业链。实现秸秆资源逐级利用和污染物零排放，实现资源的有效利用。以畜禽粪便为纽带的再利用模式主要体现为燃料、肥料的综合利用方式，以种养殖龙头企业为主体，配套各类种养殖技术，构建"禽畜粪便—沼气—燃料—农户""禽畜粪便—沼气—沼渣、沼液—果菜"等再利用模式。

四、减量化模式

减量化模式即以最少的投入获得高产出与高效益。具有代表性的是美国的精准农业和以色列的节水农业。精准农业即通过合理规范投入化肥、农药、水、种子等，精准管理每一单元的土壤和各项作物，推广应用测土配方施肥、病虫害绿色防治等技术，减少化学物质使用，达到每一单元经济作物产量与效益的最大化，而对农业生态环境破坏的最小化。以色列节水农业便是采用喷灌、滴灌、微喷灌、微滴灌等技术取代传统沟渠漫灌方式，以实现节水、节肥，保持水土流失，污水再利用，减少土地盐碱化等目的。

五、资源化模式

资源化模式是将农业生产和生活中的废弃物转化为有机肥，发展废弃物资源化的循环农业模式，生产的农产品都是无化肥和杀虫剂、无公害的有机农产品。如日本菱镇的循环农业，农作物有机肥来自厨房垃圾、家禽粪便、下水道污泥及企业有机废物等材料的处理及再利用。英国永久农业通过资源的循环利用以及通过种植多样性植物促使食肉动物进入生态系统来阻止虫害，实现生产过程的资源废弃物无害化与生产产品的绿色与有机化。

6.2　支持产业

田园综合体中的支持产业，是指与农业生产活动相关的科技研发、农产品加工与制造等产业，是确立田园综合体的根本定位及为田园综合体的发展与运行提供产业支持与发展动力的重要组成部分。

6.2.1　农业科技产业

农业科技进步对农业生产具有强大的助推力，有利于提高土地产出率、劳动生产率和资源利用率，促进农业产业的技术集成化、劳动过程机械化、生产经营信息化，为中国成为世界农业强国提供强大支撑。

农业科技创新基础条件不断改善，农业科技产业在现代种养业、农业机械化、农业信息化、农业资源环境等领域有很强的引领作用。

一、现代种养业

农业现代种植产业的科技研发主要集中在农产品良种的培育与应用上。如农业种质资源表现型与基因型规模化精准鉴定技术，优质、高效、抗逆、专用以及适宜机械化和轻简化作业的重大品种培育技术，品种优质化繁育与分级加工技术等。畜禽水产养殖产业研发主要有健康养殖模式与养殖技术的研发等。

迁西县花乡果巷田园综合体项目中，唐山市供销社农业开发有限公司与中科院植物研究所联合，探索出了"安梨＋油用牡丹＋二月兰"共生模式，应用在西山梨花坡富贵牡丹园的油用牡丹基地项目内。

二、农业机械化产业

农业机械化科技技术主要指用于农作物的耕种、排灌、植保、收获，渔业的放养、打捞，农产品运输和加工的机械化以及农业基本设施机械化的技术产业。农业机械化产业对于农业现代化、农业效益的提高具有重要的推动作用，是农业发展过程中重要的产业支持。

广东省潮州市大埔茶园，茶叶生产全过程均通过机械作业，大大降低了生产成本，极大地提高了茶园生产效率。这要得益于该茶园与省农装所及其他技术单位的广泛合作，茶叶机械修剪机、自动采茶机、山地自走式电动运输机、茶叶连续加工成套设备等为大埔茶园茶产业提供了有力的支持。

三、农业信息化产业

农业信息化产业是"互联网 + 农业"时代实现农业物联网的重要支撑技术与平台，是传统农业走向智慧农业的连接纽带。相关科技产业有农业信息获取、存储、传输、处理及发布利用的核心技术研究及设备研制技术，农业信息化云计算标准体系、农业大数据应用技术、农业信息可视化技术等相关支持技术产业。

四、农业资源环境产业

随着传统农业向现代农业、智慧农业的发展转变，对农业资源的高效利用以及农业生态化、无害化的要求也越来越高。资源循环利用技术、生态高效农作制度创新技术、研发无农药农产品生产关键技术、生物多样性利用技术、农产品生产过程中的绿色有机无害技术等相关产业的支持，对农业产业发展具有积极的推动作用。

6.2.2　农产品加工业

农产品加工业是田园综合体项目中提升农产品附加值，增加农产品经济效益的重要方式，是田园综合体模式区别于传统农业园的重要支持产业。作为田园综合体的支持产业主要分为农产品产地初加工、农产品精深加工、加工副产物综合利用及关联产业几种类型。

一、农产品产地初加工

农产品产地初加工即在农产品产后进行的首次加工，是使农产品性状适于进入流通和深加工的过程，主要包括产后净化处理、分类分级、干燥、包装、预冷和储藏保鲜等环节。其目的是减少农产品损失，提高农产品附加值，促进农产品生产水平提高，并延长农产品保质期、提高运输率。我国农产品产地初加工整体处于相对落后状态，在田园综合体建设项目中，农产品初加工是较为普遍的加工方式，需要加强初加工企业的技术创新与应用，提高农产品产地初加工的标准化水平。

二、农产品精深加工

农产品精深加工是提高产业效益的重要生产环节。田园综合体加工产业可加强与健康、养生、养老、旅游等产业的融合对接，开发功能性及特殊人群膳食相关产品。以茶为主导的农业产业园，可以通过茶叶与花卉、中药材、食品、化工等原料的有机结合，开发茶饮品（花茶、果茶、中药茶饮等）、茶保健品（茶氨酸口服液、茶多酚胶囊等）、茶日用品（茶垫、茶枕等）、茶护肤品（牙膏、面膜、化妆品等）、茶食品（茶面点、茶甜品、茶饼干、茶瓜子等）等系列生活用品。

三、加工副产物综合利用

加工副产物综合利用是指将农产品生产和加工过程中产生的非主产物，包括果蔬加工副产物（果皮、果渣）、粮食产品副产物（玉米芯、残次果、菜叶）、畜禽产品副产物（皮毛、内脏、骨头）、水产品副产物（皮骨、内脏）等。主要利用方式包括三种：一是将农副产品转化为工业产品，如将玉米芯、菜叶、残次果、蔗渣等制作成饲料、酒精、肥料等循环利用。二是加工副产品高值利用，如将稻壳、油料饼渣、水产品皮骨等加工副产品中的营养成分进行提取用来生产食品、提取营养和活性物质等；三是加工废弃物的梯次利用，主要是通过对生产过程产生的废弃物进行梯次利用，吃干榨净。

四、关联产业

农产品加工业的关联产业是围绕主导产业进行配合发展起来的产业，主要包括加工机械、产品包装、有机肥料等。

6.2.3 其他产业

田园综合体其他支持产业还包括为核心产业服务的农村金融、电商、互联网平台、教育培训、农村物流、媒体、信息中介等企业。

珠海斗门区岭南大地田园综合体建设过程中融合"互联网＋"思维，与阿里巴巴合作搭建农村电子商务网络，建设农村淘宝区级和村级服务中心，发展电商物流；制定了《斗门区农村普惠金融实施方案》，成为国内首个内置金融村社，完善了农村金融；同时开展创业孵化、职业培训等生产性服务行业，助力乡村经济的发展。

6.3 配套产业

旅游六要素，即"吃、住、行、游、购、娱"，是个从低级到高级发展的过程。本文所提到的配套产业是作为休闲农业的补充，完善综合农业的各项功能，创造舒适便利的乡村环境和氛围，如旅游、餐饮、住宿、娱乐、购物等配套产业。

6.3.1　旅游产业

配套产业中的旅游是指除休闲农业外的在现有乡村资源基础上挖掘和植入的新的旅游形态与方式。文化是田园综合体的灵魂，文旅项目的开发是田园综合体旅游产业的重要组成部分。目前常见的田园综合体文旅项目主要有康养旅游、体育旅游、教育旅游等。

一、康养文化旅游

在现代老龄化加剧、亚健康人群比例加重的时代背景下，医疗保健意识和康体养生需求越来越强烈，以"三养"（养生、养老、养心）和"三避"（避暑、避寒、避霾）为目的的旅游业态成为备受关注与推崇的文旅产业类型，而乡村田园优美、舒适的自然条件为发展康养文旅提供了绝佳的场所。根据康养产品的功能又可将其分为生态养生、文化养生、医疗养生等类型。

生态养生主要指依托自然生态资源开发的旅游产品，目的是为了促进人们的身心健康。如森林康养、温泉疗养等，高负氧离子的森林和含多种矿物质的温泉对人们的身心健康具有良好的促进作用。

文化养生主要指依托我国传统的养身文化和当地的宗教文化资源开发的旅游产品。主要有依托道教、佛教文化，打造禅修、太极养生、素食等旅游项目及依托长寿养生文化，开发食疗、山林助养、气候助养等养生项目。

医疗养生是指依托医药产业或医药文化及医疗设施发展的特色医养旅游产品。如中医药养生园、"银发"养生社区等。

二、体育文化旅游

体育旅游产业与文化创意产业的融合发展已经成为旅游业的新风向，由于两者行业差异、资源及市场对接的不同导致其具有独特的产品模式。与传统的体育旅游产业相比，体育文化旅游更具个性、创造性及体验性。体育文化旅游根据产品功能分为体育主题游、体育节庆游、体育休闲观光游等。

体育主题游是以某种运动类型或某项特定运动为中心，通过体育运动参与和休闲娱乐项目的设置，丰富游客对该项运动的体验度，吸引游客主动消费，产生经济收益。如新西兰皇后镇就是以户外探险运动为主题的世界著名的探险运动小镇。皇后镇依托当地优越的自然环境与气候，还有当地的葡萄种植产业，结合户外探险运动项目，打造成世界最具吸引力与影响力的探险之都。

体育节庆游是体育旅游最重要的表现形式和盈利方式之一。它的举办不仅可以弘扬和传承优秀的民间特色体育项目，还可以带来大量的游客，产生大量的消费活动，带来可观的经济收益。由于旅游节庆活动在旅游和经济发展中的作用越来越受到人们的重视，我国体育旅游节庆活动的发展呈现出了蓬勃之势。全国各地纷纷举办各种形式的体育节庆活动，如山东潍坊风筝节、吴桥杂技文化节、洮州拔河节等。

体育休闲观光游兼具休闲与观光双重属性，通过打造体育场馆，可让游客亲临体育赛事，感受体育精神的熏陶；同时配套体育主题的餐厅、酒店等休闲设施，会让游客具有一个特色鲜明、积极而持久的体育旅游休闲体验。

三、教育文化旅游

教育文化旅游重在通过参加具有教育主题的旅游活动，使游客增长见识、丰富阅历，提高综合素质。田园综合体建设中，教育培训作为配套产业，具体的建设模式有以下两种：

"教育旅游 + 科技"。该模式主要通过展示与体验高科技成果达到教育的目的，包括农业展馆展示、农业科研项目展示和农业科技园区展示等形式。

"教育旅游 + 农业"。田园综合体农业教育旅游主要分为参观和体验型两种，参观型主要指以参观游览和知识解说为主的农业知识科普教育活动，场地一般以农业生产基地和科研院所为主。体验型教育旅游多通过参与农业活动或农事体验来达到学习教育的目的，多表现为农事体验、手工制作体验等活动。

6.3.2 餐饮住宿产业

田园综合体建设中，餐饮业主要以生态饮食为主，即将酒吧、餐厅、茶吧等多种餐饮消费方式与田园生态融合在一起。如生态餐厅、山间茶室、稻田餐厅等。

田园综合体项目的住宿主要以特色民宿和度假酒店为主。乡村民宿是利用当地闲置资源，由民宿主人参与接待，让游客体验当地自然、文化与生产生活方式的小型住宿设施。乡村度假酒店是以山野、田园景观为背景，乡土建筑为风格，内部设施现代齐全，规模较大的住宿设施，带给游客独特的度假住宿体验。

6.3.3 购物娱乐产业

田园综合体中的购物旅游主要为助力当地特色农产品的销售，具体表现形式有田园市集和特色商业街等。田园市集是农户将各种特色农产品拿到集市上进行统一售卖，游客可以在市集摊位上购买到最新鲜、原生态的当地农产品。成都和盛田园东方设立了共享模式的乐活市集，为本村镇村民提供无偿的市集摊位，免除管理费与卫生费等相关费用，通过统一的管理模式，不仅降低了农民负担，又能保证农产品的品质，游客能放心地购买到物美价廉的农产品，农户也从中获取到实实在在的收益。特色商业街一般以休闲消费为特色，满足游客及本地居民的休闲消费需求，实现主客共享的商业街区。

6.4　衍生产业

田园综合体中的衍生行业主要是与农业相关的创意产业，是以特色农产品和文化创意成果为要素投入的其他企业群。田园综合体中的创意产业是对旅游领域的传承和延伸，也是对旅游策划下的广告、节庆等旅游产品和活动的产业提升。主要表现方式有主题创意园、动漫动画创意、纪念品创意设计、节庆活动创意、文创产品等。

一、主题创意园

田园综合体创意园区的构建主要是根据乡村现有资源特点，通过创意性主题的设定来整合原有资源，从而形成具有科普性、互动参与性的特色主题园区。例如各类主题公园，安仁的稻田公园以水稻为主题，园区内设有水车、风车、打谷机、犁具等主题农具公园，还有许多由稻草制成的龙、狮等田园景观创意小品，园内还设有农耕博物馆、农夫集市等旅游产品，游客不仅可以感受到真实的农耕生活，还可以品尝到正宗的农家小吃，是一个大型的稻田创意型公园。小型的创意园包括依据某一特色发挥创意打造而成的局部旅游景点产品。如在以水资源为特色的区域，通过资源整合与设施建设，打造"水上休闲吧""水上游乐园"等水上创意园区。

二、动漫动画创意

动漫动画是将传统静态资源转化为动态形象的一种表现形式。在旅游资源的开发塑造中，运用此类创意手段可以搭建一个虚拟旅游平台，将静态的旅游资源通过卡通化、拟人化的创意手段，在网络上通过声情并茂的方式加以呈现，使游客在亲切、愉悦的氛围中深入了解旅游资源的特色。另外，人们往往通过对旅游资源的特点进行卡通形象的塑造，并将其融入区域旅游产品中，形成特色的旅游活动。如无锡阳山田园东方蜜桃猪的田野乐园通过结合阳山的特色水蜜桃打造创意卡通形象蜜桃猪，并搭建了一个吸引小朋友前去游玩的蜜桃猪主题田野乐园。

三、纪念品创意设计

旅游纪念品的设计与营销是当地特色最直接的物质表现形式，也是旅游消费的重要环节。旅游纪念品的创意与设计跟当地旅游产品的市场份额息息相关。好的纪念品创意设计也是对当地特色、品牌形象的有力宣传与推广。

四、节庆活动创意

在旅游节庆活动中融入创意元素，能够增强节庆活动的新鲜感与吸引力，扩大活动品牌的影响力。可通过变换场地、改变活动形式、重组和完善活动内容以及创新的宣传手段，改变传统节庆活动的固定模式，形成节庆活动持续发展的活力。

五、文创产品

在乡村振兴的背景下，为了重拾乡村记忆，挽救日渐消散的乡村文明，越来越多以乡村非物质文化元素、乡村物件为主题的文创产品受到大众的喜爱与关注。具体表现为乡村特色农产品的文创化、融合乡土文化的文创商品、IP 衍生商品，还有可体验式的文创店等。

第7章

产业体系构建方法与模式

7.1 主导产业选择

主导产业是指在产业园中相较于其他产业处于主导地位,具有一定的生产技术优势或资源优势,产业增长率较高,产业关联性强,具有较强的市场前景,对产业园及其辐射区域内的经济发展、社会进步具有显著促进作用的产业。

田园综合体是姓农为农的综合体,是回归"农"心的综合体。选择主导产业是创建田园综合体需要把握的重要问题,对于区域农业经济的发展至关重要。因此主导产业的选择需要遵循一定的原则和方法。

7.1.1 选择原则

主导产业选择的一般性原则包括资源禀赋原则、产业规模原则、市场供求原则、关联效应原则、科技支撑原则、社会影响原则、经济效益原则、可持续发展原则等。考虑到田园综合体创建的总体要求和建设目标,我们在此提出以下几项需要特别注意的主导产业选择原则。

一、立足资源与环境原则

区域的自然资源禀赋和社会经济条件是产业发展的基础,主导产业的选择需要与之匹配，才能根基稳固地不断发展壮大。优越的自然资源条件、充沛的劳动力、良好的基础设施、丰裕的资金储备和有力的科技支撑，都有利于提升主导产业的市场竞争力和市场效益，我们在选择田园综合体的主导产业时要用发展的眼光看问题，从长远综合考察。

自然资源方面，要因天时，就地利。农业的发展对自然资源和环境依赖性很强，主导产业必须是适宜当地水、土、阳光和气温等自然条件的产业。比如喜阴和喜阳的作物对光照强弱、空气湿度和气温等的要求截然不同，不同作物对水分多少的需求也不一样，还有各种土地资源特别是耕地的数量、质量以及地形地貌决定了产业发展承载空间的大小，进而影响产业的发展规模。因此，主导产业的选择首先就要因地制宜，不能明知不可为而为之。

社会经济条件方面，要因势利导、顺势而为。除了自然因素，劳动力、基础设施、资金、科技等社会经济条件的优劣也影响着主导产业的选择。劳动力的数量、质量会影响到主导产业的选择，比如稻谷、小麦、玉米等粮食作物一般为大田作业，生产机械化程度较高，需要的劳动力较少且技能要求相对较低，而水果等经济作物种植面积小且品种多，一般机械化程度低，需要的劳动力多且需要专业技能，故是否有足够的劳动力支撑是在田园综合体主导产业选择时需要重点考虑的问题。此外，基础设施能否满足产业发展的需要、资金量和融资能力如何、与主导产业相关的科技条件是否足以支撑其稳定发展，都在不同程度影响着主导产业的选择。

二、把握特色与优势原则

我国地理、气候、生态资源多样，完全可以围绕田园资源和农业特色，做大做强传统特色优势主导产业。主导产业的选择尽量要与国家有关优势区域的布局规划和指导意见基本一致。

《全国主体功能区规划》确立了"七区二十三带"为主体的农产品主产区，《国务院关于建立粮食生产功能区和重要农产品生产保护区的指导意见》（国发〔2017〕24 号）明确用 5 年时间完成粮食生产功能区和重要农产品生产保护区（两区）建设任务、《特色农产品优势区建设规划纲要（2017—2020）》在两区之外划定 5 大类 29 个重点品种的特色农产品优势区。

农产品特色方面，近年来，关于国家农业优势区域布局和优势产业带的建设，国家发布了规划和政策文件，主要包括《全国主体功能区规划》《特色农产品优势区建设规划纲要（2017—2020）》《国务院关于建立粮食生产功能区和重要农产品生产保护区的指导意见》〔国发（2017）24 号〕等综合性规划与政策性文件，以及《全国蔬菜产业发展规划

（2011—2020）》《全国生猪生产发展规划（2016—2020）》《全国节粮型畜牧发展规划
（2011—2020）》等产业规划。选择主导产业时，应明确田园综合体所在区域属于国家划
定的哪类产业优势区。

表 7 - 1　国家级特优区的品种（类）与重点区域一览表

类别	品种	区域
特色粮经作物	马铃薯	黄土高原、西南地区、黄淮海地区、东北地区
	特色粮豆	黄土高原区、内蒙古及长城沿线区、东北地区
	特色油料	黄淮海平原、内蒙古高原、黄土高原、新疆
	特色纤维	长江上中游地区、华南地区、西南地区、东北地区
	道地药材	西南地区、黄土高原、内蒙古高原区、大小兴安岭长白山、黄淮海地区、南方丘陵地区
特色园艺产品	特色出口蔬菜及瓜类	黄淮海、西北、华东、西南地区
	季节性外调蔬菜及瓜类	华南、长江上中游、云贵高原、黄土高原、东北地区
	苹果	渤海湾、黄土高原区
	柑橘	长江上中游、赣南—湘南—桂北、浙—闽—粤、鄂西—湘西
	梨	环渤海、黄河故道、西北、长江流域产区、黄土高原
	桃	华北、黄河流域、长江流域
	葡萄及特色浆果	西北、东北、环渤海、西南、华东
	热带水果	海南、广东、广西、云南、贵州、福建、四川
	猕猴桃	西北及华北、西南、华中、华东和东南、华南产区
	食用菌	东北、冀鲁豫、闽浙、川陕、秦巴伏牛山区、长江中上游
	茶叶	长江流域、东南沿海、西南地区
	咖啡	云南南部、海南
	花卉	云南、浙江、福建、青海、甘肃、辽宁
特色畜产品	特色猪	东北、江苏、湖南、广东、广西、浙江、重庆、云南
	特色家禽	河南、广东、广西、海南、江西、辽宁、北京、江苏、浙江、四川
	特色牛	东北和内蒙古地区、陕西、云南、青藏高原
	特色羊	内蒙古、山东、江苏、宁夏、陕西、新疆、辽宁、山西、青藏高原
	特色马、驴	新疆、广西、山东、内蒙古（特色马）；山东、河北、山西、甘肃、内蒙、辽宁、新疆（特色驴）
特色水产品	淡水养殖产品	长江流域、珠江流域、黄河中下游；东北、西北、西南（冷水鱼及特色鱼类）
	海水养殖产品	各沿海地区

类别	品种	区域
林特产品	木本油料	江西、湖南等南方油茶产区，山东、山西等北方油用牡丹产区，甘肃等油橄榄产区
	特色干果	东北、西北、西南、华中和华东地区
	木本调料	黄淮海地区、西北、西南
	竹子	浙江、福建、江西、湖南、广西、安徽、四川、江苏、湖北、贵州

来源：国家发展改革委、农业部、国家林业局联合印发《特色农产品优势区建设规划纲要》，2017 年 10 月。

三、市场供求原则

一方面，主导产业能够为市场提供充足的产品，保证市场供给；另一方面，市场需求是主导产业生存、发展和壮大的必要条件，没有足够的市场需求拉动，主导产业很快就会衰落。因此，农业主导产业需要具备较强的市场扩展能力，能够满足不断增长的需求量。尤其是在市场经济条件下，农业不再是自给自足自然经济条件下的小农经济，农业生产的目标是市场，是要为市场提供充足的、安全的、健康的食品。在市场经济条件下，农业发展不可能不考虑市场的需求，没有市场需求的产品和产业，就失去了发展的基础，很难获得持续发展，更不要说以此提升农业的竞争力。

四、关联效应原则

主导产业的选择必须充分考虑它对相关产业的带动作用，通过农业主导产业的发展，带动区域农业的整体发展水平。一方面，对一系列部门起到带动与推进的作用，能够带动生产资料、产品物流、产品销售、农产品加工、信息技术等各个方面的发展；另一方面，除了对农业，也对其他产业产生促进作用，推动区域工业、服务业的发展，从而产生经济发展中的连锁反应和加速效应，推动区域经济整体发展。农业作为国民经济的基础产业，只要主导产业选择得当，完全可以使农业的产业链得到延伸，农业产业链的广度得到拓宽，进而带动相关的农产品生产、加工、保鲜仓储、物流运输、技术研发尤其是新品种培植等产业的发展，在把农业变得"好吃、好看"的同时，实现"好价"，推进区域经济发展。国内外相关地区的发展经验对此已经提供了充分的证明，比如山东寿光以蔬菜为主导产业，成为全国知名的蔬菜基地，不仅为北京、天津等大城市保证了蔬菜供应，还使寿光成为蔬菜种子种苗的培育基地、蔬菜大棚的输出地、蔬菜交易集散地、蔬菜价格的发布地等等，同时相关产业都得到蓬勃发展。而广西百色则以杧果、圣女果等为主导产品，把亚热带水果作为主导产业，带动当地农业产业和相关产业快速发展。

五、可持续发展原则

可持续发展观点强调的是主导产业的市场潜力，要求其具备长久发展的能力。农业主导产业不仅要能在当下满足市场需求，还要具备良好的市场前景，能够不断扩大产业规模，不断提高品牌影响力，实现产业的持续发展，带动区域经济。

牢固树立"绿水青山就是金山银山"的理念，优化田园景观资源配置，深度挖掘农业生态价值，统筹农业景观功能和体验功能。积极发展循环农业，充分利用农业生态环保生产新技术，着力推进农业资源利用节约化、生产过程清洁化、产业链条生态化、废弃物利用资源化，走产出高效、产品安全、资源节约、环境友好的农业现代化道路，使整个农业生产步入可持续发展的良性循环轨道。

7.1.2 选择方法

一、选择方法

主导产业的选择是一个多目标决策过程，涉及定量分析与定性分析两个方面。当前常用的定量分析是综合法，比较有代表性的有层次分析法、主成分分析法、最优脱层法、模糊优选模型法等，可根据实际需要选择。

二、指标体系

采用定量分析方法选择主导产业时，需要根据产业园发展实际选择合适的分析评价指标。综合已有的文献和工作实践，目前采用比较多的分析指标如下：

1. 产业规模指标

是衡量一个产业优势度、成熟度和发展前景的指标，通过产业生产能力比重、产业专业化比重、产业集中度、产业产值比重来表示。

某产业生产能力比重 = 产业园某产品总产量/某产品全省总产量

某产业专业化比重 = 产业园某产品人均占有量/某产品全省人均占有量

某产业集中度 = 某产业产值占产业园农业产值比重/某产业产值占全省农业产值比重

某产业产值比重 = 某产业产值/产业园农业总产值

2. 市场潜力指标

用需求收入弹性、市场占有份额表示。这两个指标越高，表示这个产业的产品市场发展前景越好，对经济的拉动性越强。

需求收入弹性系数 = 某产业产品需求增长率/同期人均国民收入增长率

某产品所占市场份额 = 某产品商品量/市场需求总量

3. 科技支撑指标

某产业资本技术水平 = (某产业物质消耗 + 折旧)/某产业劳动报酬

比较劳动生产率 = (某产业产值/农业总产值)/(某产业劳动力人数/农业劳动力人数)

某产业单产水平 = 某产业平均单产/全省平均单产

4. 经济效益指标

某产业成本收益率 = 某产业利润/某产业产品生产成本

5. 社会影响指标

某产业劳动就业率 = 某产业劳动就业人数/产业园劳动力总数

某产业带动农民增收能力 = 农民来源于某产业的收入/农民总收入

7.2 选址与规模确定

7.2.1 选址原则

田园综合体在创建之初要综合考虑区位环境、资源禀赋、生态环境、历史文化、产业集聚等因素，科学合理选址。根据国家政策指导和第一批国家级田园综合体的创建经验，田园综合体的选址总体上应该遵循区位条件优、产业基础好、承载空间足、历史底蕴深、有区域代表性等原则。

一、区位条件优

良好的区位与交通条件是产业发展的助推器。因此，对于包含一二三产业的田园综合体而言要尽量选择在有利于人流、物流、资金流、信息流交汇流通的区域，有利于发挥其辐射带动作用，将区位交通优势转化为产业发展优势。

一是要有便利的交通区位，主要体现在对外交通的通达性，如紧邻高速公路（有出入口），位于大型消费市场的 2 小时经济圈，与高铁站点、汽车客运站场、港口、机场联系便捷；二是要有优越的经济区位，经济区位是指地理范畴上的经济增长带或经济增长点及其辐射范围，积极响应试点立项的条件要求，田园综合体的选址最好位于国家特色农产品优势带、优势区，确保田园综合体有足够的产业引领空间；三是要有良好的旅游资源区位，主要指区域内及周边的旅游资源集群状况要好，便于项目借势发展，如靠近大型的著名景区、旅游示范区以及旅游景点等，能够为项目吸引人流。

二、产业基础好

产业基础是产业形成和发展的基本支撑。在财政部关于田园综合体建设试点工作的通知中，对田园综合体申报的主导产业类型并没有做明确规定，但要求产业必须有特色、有优势、有规模、有潜力、发展基础好。从第一批国家级田园综合体的主导产业类型来看，既有水稻、小麦、小杂粮等传统粮食作物，也有花卉、柑橘、茶叶等地方特色经济作物，目前以棉油糖、猪牛羊等大宗农产品为主导产业的田园综合体仍较少。此外，虽然目前关于田园综合体的产业准入类型暂时还没有负面清单，但随着经济高质量发展时代的到来，包括农业产业在内的产业负面清单的实施会是未来的发展趋势。

产业基础重点强调三个方面：一是具备主导产业的规模化种养基地；二是区域范围内道路、环卫、电力等为农业生产服务的基础设施较为完备，有利于休闲农业企业的引进；三是要有能够支撑核心产业发展的科研、加工、物流、市场等配套产业要素集聚，田园综合体不能是单纯的种养基地、工业园、加工园、休闲农业园，而是生产、加工、科技、休闲旅游等有机联系的整体。

三、承载空间足

田园综合体的承载空间体现在自然承载空间和社会经济承载空间两个方面。

自然承载空间是指地形地貌、水土资源、气候条件、生态环境等自然因素决定的承载空间。以规模种植为特色的田园综合体，需要有集中连片、适宜作物生长的耕地、园地或林地，有充分的灌溉水源，设施农业还需要充分的日照；以规模养殖为特色的田园综合体，需要有较好的防疫隔离条件、有充分的粪污消纳基地和饲草料种植基地、有充分的水源供给等。此外，优良的自然生态环境也是重要的评判标准，有山、有水、有开阔田园的生态格局，可以营造出良好的环境氛围，便于旅游活动的开展。

社会经济承载空间原来是指由城乡规划、土地利用总体规划、生态环境保护规划等约束性规划决定的承载空间，现今随着国土空间规划体系的逐步确立，田园综合体的社会经济承载空间将由"多规合一"的国土空间规划来确定，要保证核心区集中连片，主要对农业种养殖、加工物流、休闲旅游等产业的布局有重要影响。比如，加工物流园区或休闲旅游配套项目的选址要在国土空间规划允许建设区或有条件建设区，不得突破生态保护红线和永久基本农田保护红线，符合国土空间规划对建设用地规模、耕地保有量和永久基本农田面积的约束性指标；此外，农业的种养殖要以保护耕地为前提，遵循永久基本农田的保护规定，不得占用永久基本农田进行植树造林，发展林果业，也不得在永久基本农田内挖塘养鱼和进行畜禽养殖，以及其他严重破坏耕作层的生产经营活动。

四、文化底蕴深

与以往的农业产业园不同，田园综合体的选址对地域的历史文化和民族文化特色也是有要求的，深厚的文化底蕴能为田园综合体的发展带来更多的可能性和延展性。例如山东朱家林田园综合体所在的沂南县，曾经是沂蒙山革命根据地的中心，是沂蒙精神的重要发源地之一；四川天府源田园综合体所在的都江堰市，拥有世界文化遗产都江堰水利工程和道家胜地青城山；福建武夷山五夫镇田园综合体依托的是武夷山世界文化与自然"双遗产地""朱子文化""柳永故里"等历史文化背景。由此可见，深入挖掘田园综合体的文化特色，将文化内涵融入田园综合体建设，是其建设与发展的重要组成部分。

五、区域代表强

生产方式有区域代表性，这点与国家现代农业产业园的选址原则基本一致。田园综合体所选区域只有在资源承载力、环境容量、生态类型等方面具有代表性，才能发挥产业园在生产方式等方面的示范带动作用。例如：在东北区，尽量选址在以保护黑土地、综合利用水资源、推进农牧结合为重点的现代粮畜产品生产区；在黄淮海区，尽量选址在以治理地下水超采、控肥控药和废弃物资源化利用为重点的粮食和"菜篮子"产品稳定发展区；在长江中下游区，尽量选址在以治理农业面源污染和耕地重金属污染为重点的水稻、生猪、水产健康安全生产区；在华南区，尽量选址在以减量施肥用药、红壤改良、水土流失治理为重点的热带亚热带农产品生产区。

7.2.2　规模确定

从目前第一批国家级田园综合体的规模来看，总规划面积跨度较大，约在20—50平方公里，通常包括产业核心发展区和辐射带动区。而在田园综合体的实际建设过程中，要根据产业发展实际需要、辐射带动效应和分期建设时序等因素确定建设规模，具体内容如下：

首先，要从产业发展的实际需要出发，防止规模过大或过小，综合考虑农业产业种植面积、加工物流产业、旅游休闲配套、村民安置等用地，对于一些基础较好、面向全国乃至世界的战略性优势产业，规模可以大一些，如广西美丽南方的蔬菜种植业、重庆三峡橘乡的柑橘产业等，产业规模本身就集中连片且较大，因此田园综合体的总体规模也相应较大。对于市场面向本省、本地区的区域型特色产业，规模就可以小一些，例如山东朱家林田园综合体。其次，国家级田园综合体强调的是全域统筹开发，规划边界的划定要充分权衡田园综合体发展对周边村镇的辐射带动效应，但规模不能过大或过小，尽量不要以整县、跨县或以少数几个村为范围创建田园综合体；再者，田园综合体的创建要求为三年规划、分年实施，在规划范围的划定上应充分考虑项目的分期建设时序，科学地将项目的启动区、核心发展区、产业辐射区等层次纳入到田园综合体的规划范围，以便于整体考虑。

表 7 - 2　国家级田园综合体选址与规模一览表

项目名称	区位交通	辐射范围	文化底蕴
河北迁西花乡果巷田园综合体	所在地东莲花院乡地处迁西、迁安、滦县、丰润四县交界处，距京沈高速 20 公里，距迁西县城 30 公里，距在建的京秦高速仅 5 分钟车程，位于首都 2 小时经济圈内。	总规划面积 49 平方公里，涵盖西山、徐庄子、西花院、东花院、东城峪等 12 个行政村。	迁西是燕赵文化、滦河文化的发祥地，抗战文化、长城文化、蓟镇文化、古岩文化在此地交织交融。
山东临沂朱家林田园综合体	位于沂南县岸堤镇，距沂南县城约 32 公里，东临红嫂家乡旅游区暨沂蒙红色影视小镇。	总规划面积 28.7 平方公里，覆盖朱家林村等 23 个自然村，1.6 万人。	是沂蒙山革命根据地的中心，是沂蒙精神的重要发源地之一。
四川都江堰天府源田园综合体	建设地点为都江堰市胥家镇、天马镇，位于都江堰精华灌区之核心部位，距成都主城区 38 公里，距都江堰市区 10 公里。	总规划面积 36.6 平方公里，共涉及两镇的 13 个社区，133 个村民小组。	拥有世界文化遗产都江堰水利工程，道家胜地青城山。
福建武夷山五夫镇田园综合体	距离武夷山国家旅游度假区、国家风景名胜区 45 公里，距武夷山市区 61 公里。	总规划面积约 21 平方公里，联合五夫村周边 10 个村庄，形成"五夫田园"的规划范围。	武夷山世界文化与自然"双遗产地"与"朱子文化""柳永故里"。
重庆三峡橘乡田园综合体	三峡橘乡位于重庆忠县东部，位于三峡库区的腹心，长江北岸，离忠县县城 18 公里，距国家级 AAAA 级景区石宝寨 10 公里。	总规划面积约 55.38 平方公里，涉及新立、双桂、拔山、马灌 4 个镇。	忠县文化源远流长，是中国历史上唯一以"忠"命名的城市，是巴文化的主要发祥地之一，独特的"忠文化"底蕴深厚，历史遗存丰富，是三峡库区文物大县。

项目名称	区位交通	辐射范围	文化底蕴
广西美丽南方田园综合体	位于广西省会南宁市二环边上，距离南宁南站直线距离约8.8公里，距离广西壮族自治区政府直线距离也仅约18.1公里。毗邻南宁老城区，与南宁新城区也仅一江之隔。	总规划面积约69.75平方公里，含西乡塘区金陵镇、石埠街道部分区域，覆盖10个行政村，人口5.6万人。	具有深厚的土改和知青文化，许多作家、诗人、画家都曾在此工作和生活，广西文学史上第一部长篇小说《美丽的南方》的创作背景地，艺术家驻地、"一带一路"重要城市节点。
云南保山隆阳田园综合体	位于云南省保山市隆阳区，距离保山市区10公里。	总规划面积约50.67平方公里，涉及河图街道、金鸡乡2个乡镇（街道）、11个村（社区）。	项目地处中国历史文化名乡金鸡乡，其中金鸡村是一个集古刹、古楼、古屋、古巷、古墓、古风、古韵于一体的历史文化名村，还是保山最早的革命根据地。
海南共享农庄（农垦—保国）田园综合体	项目位于三亚、乐东交界处，地处保国农场场部南侧。	总规划面积约16平方公里（约合2.41万亩），范围涵盖1个自然村和7个农场连队。	红色革命文化、绿色农业文化、古色的黎苗文化和养生饮食文化。
山西临汾林乡四季田园综合体	在汾河以东，北起襄汾县与尧都区交界、南至县城建成区，毗邻拥有百万人口的临汾主城区，城乡融合发展条件优越。	总规划面积约21.3平方公里（3.2万亩），涉及新城和邓庄两个乡镇，共16个村。	丁村文化遗址把襄汾的历史年代追溯到人类文明发展史的旧石器时代，陶寺龙山文化遗址是考古界、学术界公认的"帝尧之都·中国之源"，丁村民宅被誉为"封建社会农业庄园的活化石"。

7.3　产业体系构建模式

产业体系的构建是田园综合项目的核心和灵魂所在，团队通过实地考察和搜集梳理现有田园综合体项目的基本情况，以产业特色和产业发展侧重点的不同为切入点，归纳总结出了四种田园综合体的发展模式。

7.3.1　生产加工主导型

这是一种以优势特色农业产业园为依托的发展模式。该模式以本土优势产业和特色产业为主导，以打造全产业链条为核心，从农产品的生产、加工、销售、经营、开发等环节入手，打造优势特色农业产业园区，并以此为基础，引入文化、科技、旅游等更多要素，带动形成以农业产业为核心的生产加工主导型综合体。这一类型的田园综合不是一蹴而就的，而是经历了较长时间的积累和发展的，往往具有较好的农业产业基础，更多侧重于产业的升级转型和结构优化。

例如河北唐山迁西花乡果巷田园综合体，它的发展围绕田园资源和农业特色，依托安梨、葡萄等优势主导产业，发展以油用牡丹、猕猴桃为主要内容的特色新兴产业，引入"农业+""旅游+""文化+"的模式，逐步构建"核心、配套、延伸"三大产业体系，从而实现三产融合发展。回顾该田园综合体的发展历程，它最初是河北一家民营企业自发经营的特色农业产业园，后由唐山市供销农业开发有限公司注资，在近几年国家政策的鼓励和推动下，一步步发展成为河北省省级特色小镇，并在其带动和辐射作用下，成为如今的花乡果巷田园综合体，逐步形成了特色农业种植园区、加工工厂、研发中心、冷链工场、田园度假木屋、度假酒店以及相关农事体验活动等丰富的产业体系。

7.3.2　文化创意驱动型

该模式是以当地的自然资源和农业资源为基础，以当地的乡村民俗和特色文化为依托，发展文化创意产业，推进农业与文化艺术、创意产业的结合，打造产业、生态、旅游融合互动的文化创意引领型田园综合体。这一类型的田园综合体，更多讲求的是将好的理念和好的创意融入到农业农村的发展之中，将城市的资源引入到乡村之中，让文化创意成为项目的引爆点。

例如山东省临沂市沂南县岸堤镇朱家林田园综合体，以项目区自然空间要素和地域人文特色为基础，突出以小米杂粮和优质林果为代表的主导产业，培育以乡村休闲、创意农业和农事体验为代表的特色产业，同时融入电商物流、创意孵化、乡建培训、会议会展、康养度假等新产业、新业态。整个项目以返乡创业青年和设计师打造的生态文化创意核心区为引领，打造集创意农业、休闲旅游、文创产业于一体的田园综合体。这个生态文化创意核心位于朱家林村核心区域，由青年设计师团队重点打造了乡建学院、青年创客中心、乡村生活美学馆、沂蒙生态建筑实验基地等生态环保项目。文创产业的发展与村庄的基础设施和公共服务设施配套建设不是割裂开来，而是紧密结合的，例如与村民卫生室相结合的杏林医馆、与村民休闲活动相结合的无动力亲子乐园和乡村生活美学馆、与村民日常生产相结合的朴门农场、兼顾旅游接待和村民服务的社区服务中心等等,已是乡村发展的一个样板。朱家林田园综合体在发展过程中得到许多青年群体的关注,许多青年纷纷返乡和下乡创业,在村内开起了咖啡馆、民宿、手工体验馆、创意集市、养生园等,将他们在城市的资源,与乡村进行对接,通过文化创意的力量,为乡村的发展贡献出了一份力量。

7.3.3 都市近郊文旅度假型

该模式是利用城乡结合部的天然区位优势,以田园风光和生态环境为基础,为城乡居民打造一个能够亲近自然、感受乡土、身心愉悦的聚居地和休闲区,让城市居民能够远城而不离城,乡村居民能够离土而不离乡,形成一个以休闲体验为主要特色的文旅度假型综合体。这一类型的田园综合体必须要有良好的区位和交通条件,拥有较好的休闲消费市场基础,需要企业以市场需求为导向来运作整个项目,并积极参与到当地的新城镇建设和美丽乡村建设中来,无论是资本的运作还是后期项目的运营对于企业来说都需要一步一个脚印向前。

例如江苏省无锡市田园东方项目,位于无锡市近郊的惠山区阳山镇,项目规划总面积大约6200亩,是以现代农业、文化旅游、田园社区为一体的发展模式,强调新型产业的综合价值,包括农业生产交易、乡村休闲旅游度假、田园娱乐体验、田园生态享乐居住等复合功能,涵盖了拾房文化集市、康养度假屋、亲子度假村、主题亲子乐园、稻圃集民宿、田园大讲堂、田园生活馆、拾房书院等多个文旅度假业态。田园东方所探索的是可复制的道路,同样发展模式下的还有位于成都天府新区新兴镇的和盛田园东方。成都是休闲之都,休闲消费市场旺盛,加上这里还是国务院确定的最早的城乡统筹示范区和农村改革试验区,故和盛田园东方整体定位为"都市田园综合体"。项目规划了"乐活田园""爱尚田园""创智田园"和"田园社区"四大板块,在业态的设置上与无锡田园东方相类似。

7.3.4 农业创意体验型

该模式依托当地农业资源和自然生态资源,将有当地特点的文化要素通过艺术化和创意化的手段融入到农业种养殖和农事体验活动之中,结合乡村民宿、创客基地、民间工艺体验、艺术展示等特色文化产品,构建以乡土文化和农事体验为核心的农业创意体验型综合体。这一类型的田园综合体是现代农业发展和乡村休闲旅游的集大成者,如何打破传统的发展方式,在众多乡村旅游产品中脱颖而出是其将面临的重点和难点。

例如广东珠海斗门岭南大地田园综合体,总面积约11.77平方公里。该项目依托原生态的自然资源和岭南特色文化,以富民为本,以农耕文化、农耕体验、科普教育为核心，建设成了一个产业复合的岭南田园综合体。岭南文化的体现一直贯穿在项目的每个区块，如石龙村国际乡村生态休闲旅游区，通过"艺术＋乡村"的方式将原来的闲置民居改造成民宿；还有集岭南乡韵、水乡风貌于一体的花卉主题特色休闲区，以及具有岭南特色的田园水乡、乡村养生度假区，其乡村的空间、乡村的农业产业和乡村的休闲都与岭南特色文化紧密结合了起来。

第8章

实操案例——湖南株洲炎陵黄桃小镇概念规划

2019 年 7 月 31 日，湖南省农村工作领导小组办公室、湖南省农业农村厅发布了湖南省首批十个农业特色小镇名单，由中航长沙设计研究院有限公司旅游生态产业研究中心规划设计的炎陵县黄桃小镇成功入选。这是继 2019 年 5 月份炎陵中村瑶族乡黄桃小镇被认定为"2019 年现代农业特色产业园省级示范园创建单位"之后的又一重大事件。未来 3 年，黄桃小镇将获得农业项目财政资金、产业指导帮扶等多项政府优先支持，为中村瑶族乡的发展带来新契机。

8.1 背景与意义

8.1.1 规划背景

中村瑶族乡位于炎陵县南端，是株洲市的南大门。2015 年 12 月由原中村乡、龙渣瑶族乡、平乐乡合并成立，总面积 291.1 平方公里，辖 12 个村、1.4 万人，是一个汉、瑶、畲等多民族散居的少数民族乡（长株潭地区唯一的少数民族乡）。三乡合并资源整合，为黄桃小镇的发展和建设带来了新的契机。根据乡政府 2017 年的统计数据，全乡完成财税收入 823 万元，完成固定资产投资 7.36 亿元，人均可支配收入达 8116 元。

中村瑶族乡是著名的"黄桃之乡"，2018 年末全乡黄桃种植面积达到 1.2 万亩，产量约 1250 万斤，综合产值约 1.4 亿元，是炎陵黄桃名副其实的主产区和发源地。近年来，中村瑶族乡积极融入炎陵县全域旅游，成功举办了桃花节、黄桃节、盘王节等旅游推介庆祝活动，到瑶族乡开展乡村旅游的游客约 40 余万人次，旅游业综合收入达 2.1亿元，特色农业发展实现了新突破。2017 年 4 月，中村瑶族乡入选湖南省株洲市首批

20 个特色城镇建设试点，为科学谋划小镇发展，深入推进炎陵黄桃小镇创建，特编此规划。

8.1.2　规划范围

按照以往的建设经验，特色小镇规划面积一般控制在 3 平方公里左右，核心建设区一般控制在 1 平方公里左右。中村瑶族乡乡域面积广、黄桃种植业集中连片、建设用地分散，因此，本次规划在范围的划定上综合考虑了两方面因素，一是满足中村瑶族乡整个乡域资源的协同发展，为今后由黄桃小镇向田园综合体发展打好基础，从产业发展的角度划定规划协调区，包括炎陵县中村瑶族乡乡域全境，总面积约 291.1 平方公里，涉及中村村、梅岗村、龙潭村等 12 个行政村；二是结合小镇近期发展需求，从小镇建设与发展的角度划定规划控制区，包括中村集镇片区、平乐黄桃产业园片区和龙渣瑶族聚居片区三个片区，共计面积约为 3 平方公里，其中建设面积控制在 1 平方公里。

8.2　现状与基础条件分析

只有与当地的风景、当地的人和物发生最直接的联系，才能最真切地感受到他们的需求。接到设计任务后，设计团队在当地跋山涉水半个月，对中村瑶族乡有了更全面的了解。

8.2.1　基本情况

一、区位交通

中村瑶族乡位于株洲炎陵县西南部，距县城 42 公里，G106 国道南北向贯穿全乡，东西向有连接资兴的省级公路 S322 与国道 G106 交叉。岳汝高速公路从中村瑶族乡境内通过，并在龙潭村境内规划有公路互通，炎陵县旅游环线在村庄北部穿境而过。

二、自然资源

中村瑶族乡是"国家级生态乡镇"，平均海拔 600 余米，林地面积广，森林覆盖率达 85%。乡域境内溪流、瀑布众多，水系完整，水质优良，富含硒、锌等微量元素。境内有"白米下锅"瀑布、青龙峡、红星大桥、洣水河特大桥等自然人文景点。还有许多珍稀动植物资源，如国家一级保护植物——银杉、野生古老华桑，多处有银杏、红豆杉等珍稀树种和国家级保护动物水鹿和石羊等。

8.2.2 优势条件

一、主导产业优势突出

中村瑶族乡是著名的"优质黄桃之乡"，是炎陵黄桃名副其实的主产区和发源地，从 1987 年首次种植开始，群众参与黄桃产业的热情非常高，有着悠久的黄桃种植和利用历史。截至 2018 年末，黄桃种植面积达 1.2 万亩，占全县总种植面积的 23.5%，建有 2 个千亩黄桃示范产业园，黄桃产量已突破 1250 万斤，综合产值约 1.4 亿元，黄桃种植已然成为全乡的支柱产业。随着中村瑶族乡黄桃产业的不断发展，以"赏花、品桃"为主题节会活动，"农家乐""采摘乐"、特色名宿等乡村旅游也得到了蓬勃发展。此外，优越的自然条件使得中村瑶族乡的农林果资源丰富，农产品和优品品类繁多，除黄桃种植外，奈李、猕猴桃等其他水果种植，茶叶、油茶种植和白鹅养殖也小有规模。

二、品牌知名度已打响

1987 年，炎陵县从上海农业科学院引进木本"锦绣黄桃"，优良的品种和炎陵县特有的优良生态相融合，培育出了炎陵黄桃的高品质，呈现出"个大、形正、色艳、肉脆、微甜、香浓、绿色"等显著特点。2008 年，"炎陵黄桃"获国家无公害农产品认证和绿色食品认证；2011 年，炎陵获评"中国优质黄桃之乡"称号；2016 年，"炎陵黄桃"获国家地理标志证明商标和"湖南十大农业品牌"。炎陵黄桃还得到中央广播电视总台的大力推荐，成为了出口新加坡、迪拜、香港、澳门等地的网红水果。炎陵黄桃的品牌效应逐步形成，炎陵黄桃市场也已初具规模，初步形成一个覆盖全国的营销网络，"炎陵黄桃"成为炎陵县继炎帝陵和神农谷之后的又一张品牌名片。

三、农旅融合有基础

近年来，中村瑶族乡积极融入炎陵县全域旅游，全面启动了瑶族生态民俗文化园、黄桃生态示范园等旅游开发项目前期工作，成功举办了桃花节、黄桃节、盘王节等旅游推介庆祝活动。在 2017 年 3 月中村瑶族乡举办的的炎陵第二届桃花节上，万亩娇艳醉人的桃林吸引了众多慕名而来的游客，炎陵黄桃所带来的经济、社会和生态效益正逐渐显现出来，成为瑶族乡对外推介全域旅游的名片。广东、福建、江西、长株潭及周边市县慕名前来炎陵黄桃之乡的人越来越多，近年来，到中村瑶族乡开展乡村旅游的游客达 40 余万人次，旅游业综合收入达 2.1 亿元。

四、文化底蕴较深厚

中村瑶族乡是红色文化之乡，是井冈山革命根据地的重要组成部分，境内有早期革命家何孟雄同志故居、毛泽东率领的工农革命军第一军第一师师部旧址——周家祠（周南小学）、中国土地革命第一次插牌分田旧址、八担丘、军民诉苦台等红色旅游景点。周家祠、何孟雄故居及军民诉苦台分别被列为省、市、县三级文物保护单位。此外，中村瑶族乡还是长株潭地区唯一的少数民族乡，民族民俗风情浓郁，乡内拥有瑶族、畲族两个少数民族，拥有独具民族特色的瑶歌、瑶舞、瑶拳、瑶居、瑶膳"五瑶"文化。其中龙渣村入选国家级少数民族特色村寨，瑶拳、瑶歌入选省市非物质文化遗产。

8.2.3　存在问题

尽管已经有一定发展基础，但从现状调研的情况来看，中村瑶族乡的发展仍存在以下四个方面的问题：

一是农业种植布局合理性欠佳，种植规模和比例有待调整。目前乡域内除了大规模的黄桃种植，农户还自发种植了奈李、油茶、猕猴桃等经济作物，但在种植面积上没有进行统筹规划，不利于所种植的黄桃和其他经济作物在时间、空间上协调发展。

二是黄桃冷链物流体系不完善，中下游加工研发产业发展迟缓。目前当地黄桃仍以鲜果销售为主，黄桃保鲜时间短、上市时间集中，现有的冷库和供销点规模小、等级低，已不能满足现状发展需求，在一定程度上制约了黄桃的储存和销售。此外，目前黄桃的加工仍处于鲜果分级、桃干制作等初级阶段，没有形成黄桃精深加工和相关技术研发的企业，更没有形成完整的黄桃产业链。

三是旅游资源未整合，旅游服务设施不完善。乡域内的生态资源、文化资源虽多，但分布较散且资源特色还需塑造，例如现有的温泉资源没有得到合理的开发和打造。此外，能够为旅游服务的餐饮、住宿、商业等相关设施仍然匮乏，旅游服务业薄弱，旅游接待能力不足。

四是基础设施欠完善，限制了乡村发展。虽然全乡已实现村村通道路，但许多道路存在等级较低、路面宽度不足、道路坡度太陡、有安全隐患等问题，制约了乡域黄桃产业和旅游业的发展。

图 8-1 小镇核心区规划范围

图 8-2 中村集镇

图 8-3 红星大桥

图 8-4 涞水瀑布

图 8-5 龙渣瑶乡牌楼

图 8-6 八担丘

8.3　规划目标与定位

8.3.1　发展目标

基于对中村瑶族乡的 SWOT 分析以及对项目的理解，规划拟从彰显生态、策划产业、明确功能、塑造景观、强化特色五大设计重点出发，近期目标锁定国家级黄桃产业特色小镇，从桃之产业、桃之旅游、桃之生活等维度打造一个桃味浓郁的特色小镇。远期规划以特色小镇为依托，联动区域发展，打造集现代农业、休闲旅游、田园社区为一体的国家级田园综合体。

8.3.2　发展主题

通过对乡域资源特色的分析、文化底蕴的挖掘，结合市场需求的特点，小镇发展主题确定为红、粉、绿相结合，互促发展。

红色——文化经济。文化是小镇之魂，贯穿于小镇的方方面面。红色经济的本质是以红色文化和瑶族文化为核心的文化体验经济，把当地的红色资源、民俗资源转变为文化经济，发展相关的旅游活动和体验产品，逐步壮大小镇的文化旅游产业。

粉色——农业经济。粉色经济的本质是以黄桃种植为核心的农业生产，小镇经济的发展关键在于塑造具有核心价值的产业经济体系；粉色经济包括生态农业、循环农业、创意农业、农事体验，包括资本农业、设施农业、精致农业、创意农业等，以及相关的加工业。

绿色——休闲经济。随着《国民旅游休闲纲要（2013—2020）》的颁布实施，休闲业成为未来发展的重要产业和居民的重要选择。中村瑶族乡优美的自然生态环境、良好的人文环境，为休闲业的发展提供了良好的基础，故应把休闲理念融入对自然与人文资源的开发中，根据现有资源禀赋，结合市场需求特点，大力发展休闲产业。

8.3.3　总体定位

小镇的规划总体定位为：以多元化的生态资源为背景，以地域文化为线索，突显中村瑶族乡独特的自然风貌特色和黄桃产业特色，打造融秀丽山水、人文景观、兴旺产业、生态休闲、度假养生于一体的"生产、生态、生活"三生融合的黄桃特色小镇。

8.3.4 功能分区

根据每个片区的特色和产业发展基础，规划确定了三大功能区：一是依托炎陵黄桃的品牌基础，积极拓展黄桃产业链，主动承载炎陵黄桃产业的核心示范功能，将现有千亩级黄桃产业园所在的平乐片区打造为黄桃产业的核心示范区；二是深化黄桃产业链，在青山绿水间，通过农业体验、度假养生、旅游观光等活动，让游客体验中村特色地域文化，将山水资源丰富、民俗文化独特的龙渣片区打造为休闲旅游的重要体验区；三是完善小镇基础设施和服务配套，将居民集中、用地充足的中村片区打造为精致生活的特色风貌区。

8.3.5 形象定位

规划以"青山绿水生态之乡，醉美炎陵黄桃小镇"为形象定位，未来的黄桃小镇将是一个展现桃味十足的新故里，乐享养生休闲的新天地，突显精致生活的新平台。此外，规划还以黄桃和山体造型为主要元素设计小镇 LOGO，来表现高山和黄桃的完美融合，用于小镇对外推广及宣传。

8.4 小镇产业体系构建

针对产业发展中存在的问题，以问题为导向，通过策划与规划相结合的方式，从产业发展目标及定位、产业体系构建、产业提升策略、产业空间布局等方面，全方位地为小镇的产业发展制定科学的发展方案。

8.4.1 产业发展目标与定位

规划明确黄桃小镇两大产业类型：黄桃产业 + 旅游服务业，二者相辅相成，缺一不可，共同带动黄桃小镇经济增长。即围绕生态资源和文化特色，做大做强传统特色优势主导产业，推动土地规模化利用和三产融合发展，大力打造农业产业集群；稳步发展创意农业，利用"旅游 +"、"生态 +"等模式，多渠道开发农业，推动黄桃产业与旅游、文化、康养等产业的深度融合；强化品牌和原产地地理标志管理，推进农村电商、物流服务业发展，培育形成 1—2 个区域农业知名品牌，构建支撑综合体发展的产业体系。

8.4.2　小镇产业体系构建

一、产业体系框架

结合中村瑶族乡的现实情况和产业发展诉求，按照国家级特色小镇的产业发展要求以及国家级田园综合体的路径经验，规划构建核心产业、支持产业、配套产业和衍生产业四位一体、三产融合的小镇产业发展框架。

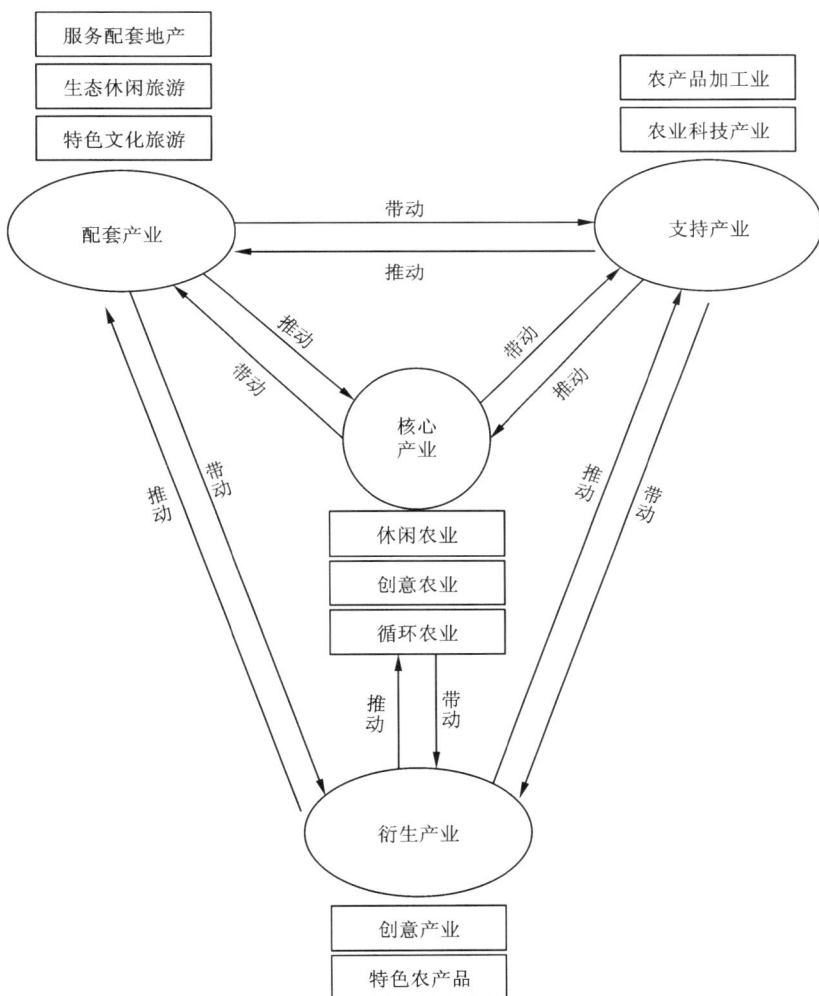

图 8-7　黄桃小镇产业体系框架

二、产业体系内容

在核心产业、支持产业、配套产业和衍生产业四大产业板块下，规划的小镇产业体系包括了精致农业、技术研发、农产品加工、休闲旅游、文化创意、电商物流与服务配套这七大细分产业类别及其产业子项内容，以黄桃种植为核心，以黄桃加工业、创意黄桃休闲农业为抓手，三产联动，形成农旅复合产业链，构建可持续发展的黄桃小镇产业体系。

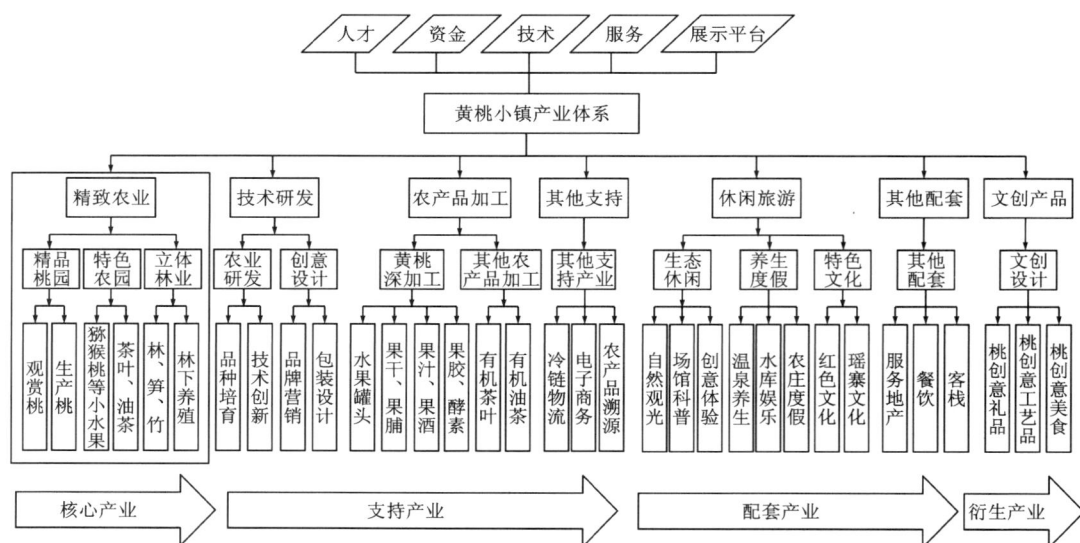

图 8-8　黄桃小镇产业体系内容

8.4.3　产业提升策略

一、核心产业提升策略

黄桃小镇的核心产业是指以黄桃等特色农产品和园区为载体的农业生产和农业休闲活动，主要包括精品桃园、特色农园等，核心产业的提升策略如下：

1.黄桃种植要稳产、提质、增效。黄桃种植是核心中的核心，目前应稳定全乡的黄桃面积和产量并通过提升黄桃整体品质的手段，进一步提升炎陵黄桃的品牌竞争力，深入挖掘和拓展桃园功能，积极发展观光休闲自采，增加桃园附加值，引导和扩大黄桃消费。

2.适当发展其他特色农产品种植。根据实际情况，适当发展猕猴桃、奈李等特色水果种植，以及茶叶、油茶等经济价值较高的农产品种植，与黄桃种植形成季节与市场的互补。

3.传统的林、笋、竹、栗种植要巩固和提升。山林资源是中村的宝贵财富，这一自然资源优势与传统的产业基础是一定要巩固的，在此基础上，再适当发展林下种养殖业，提高综合效益。

二、支持产业提升策略

黄桃小镇的支持产业指直接支持黄桃及其他农业生产的研发、加工、检测、冷藏、配送、销售的企业群及金融、媒体等企业，主要发展策略如下：

1.需要尽快完善黄桃小镇的冷链物流体系建设。近期添置冷冻运输车辆，对现有冷库进行提质扩容；从长远考虑，还应兴建大型气调式冷库，以缓解销售压力。

2.积极发展黄桃等农产品的精深加工，由一产向二产延伸。拓展产业链，提高经济效益，引进或自主培养果品的深加工企业，发展在水果罐头、速冻水果、浓缩果汁、水果脆片及果干、果脯、果酱、果醋、果酒、果胶、酵素等方面的研发与加工。

3.努力构建完善的小镇农业服务体系。设立专门的机构，健全黄桃等农产品的研发与推广、农产品质量检测、农业环境监测、电子商务等服务体系，为农业发展提供坚实的后盾。

三、配套产业提升策略

黄桃小镇的配套产业主要指为创意农业提供良好的环境和氛围的企业群，如旅游、餐饮、酒吧、娱乐、培训等第三产业，主要发展策略如下：

1.进一步加强黄桃产业与旅游产业的融合。将黄桃产业和桃文化与生态休闲、养生度假、文化体验等旅游功能深度结合，增强核心产业与配套产业的联动性。

2.重点打造精品旅游景点和精品旅游线路。重点开发与打造康乐温泉、平乐水库、特色瑶寨、洣水瀑布、中村老墟、周家祠等精品景点，构建多元化、有吸引力的旅游产品体系。

3.完善吃、住、行、游、购、娱等旅游要素的配套。注重餐饮、住宿、购物、娱乐、出行方式等业态和设施的构建，让小镇能够留得住人，产生更多的消费，从而提升产业的综合经济效益。

四、衍生产业提升策略

黄桃小镇的衍生产业是以黄桃等特色农产品和文化创意成果为要素投入的其他企

业群，主要发展策略如下：

1. 多维度提炼桃文化。深入挖掘桃的吉祥、信仰、医治、养生等文化内涵，在小镇的各个产业中去不断地强化和体现，打造桃味浓郁的小镇。

2. 配合吃、住、娱、购进行创意化设计。将桃和桃文化通过创意化设计和品牌包装，融入到小镇的吃、住、娱、购等要素中去，更加全方位地体现黄桃小镇的特色。

8.4.4　产业空间布局

依据产业定位和产业体系构成，规划小镇产业形成"一心、两轴、两园、三区、七基地"的空间布局。

一心：位于中村片区的产业综合服务中心。

两轴：一是沿国道 G106 沿线形成的产业发展主轴，该轴上聚集有小镇主要的农业基地、服务中心和特色旅游项目；二是沿东西向乡道、村道形成的产业发展次轴，主要发展黄桃种植和休闲旅游。

两园：分别是位于平乐村和心田村的千亩级黄桃产业示范园。

三区：特色农产品种植＋红色文化旅游区、黄桃种植＋民俗文化体验区、黄桃种植＋生态休闲度假区。

七基地：分别位于道任村、康乐村、鑫山村、龙潭村、龙渣村、龙凤村、红星桥村的七个黄桃种植基地。

8.5　旅游发展规划

8.5.1　旅游发展策略

一、整合全乡的旅游资源，构建全时全域的旅游发展大格局

一方面，中村瑶族乡乡域内的旅游资源十分丰富，中村片区主打红色旅游，平乐片区主打绿色生态游，龙渣片区主打民俗文化游，各有特色；另一方面，临近的乡镇及县城旅游资源也很多，中村瑶族乡乡域旅游通过黄桃产业周边旅游资源形成串联，形成与炎陵县旅游资源互补互助的全域旅游发展格局。

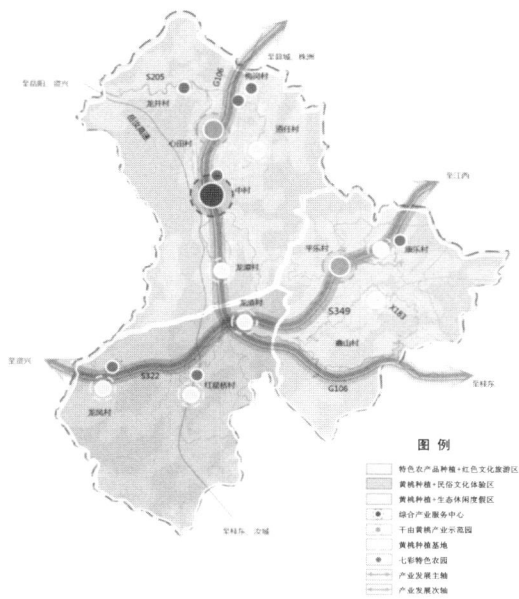

图 8-9　黄桃小镇产业空间布局图

图 8-11　平乐黄桃产业园

图 8-12　锦绣黄桃

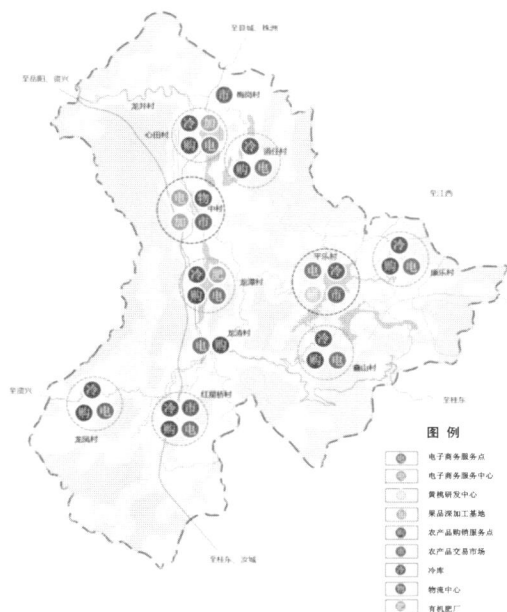

图 8-10　黄桃产业支持体系分布图

图 8-13　黄桃加工厂

二、以黄桃产业为主线，侧重发展"黄桃+"旅游，形成产业与旅游互动发展的新局面

黄桃小镇发展要整合区域的红色文化、黄桃种植、传统文化、特色乡村等旅游资源，一方面以"黄桃+红色文化""黄桃+自然生态""黄桃+民俗文化"为大的发展方向，形成覆盖更加全面、内涵更加丰富、特色更加鲜明的景区体系；另一方面从旅游的六大要素出发，将黄桃主题元素融入到吃、住、行、游、购、娱各方面。

8.5.2 旅游功能布局

以乡域内丰富的旅游资源为依托，规划形成三大旅游功能分区：

民俗文化体验区（旅游核心区）：龙渣片区是长株潭地区唯一的少数民族聚居区，规划以瑶寨为依托，以瑶文化为特色，联动周边的青龙谷峡谷风景区、白米下锅瀑布、红星大桥黄桃种植园，打造集瑶族民俗文化体验和户外运动休闲的主题区。

生态休闲度假区（旅游拓展区）：平乐片区作为炎陵黄桃的发源地，是每年黄桃大会和桃花节的举办地，片区依托中村千亩级黄桃示范园、康乐温泉和平乐水库，打造集农业观光、农事体验、水上休闲运功、乡村度假、温泉疗养等功能于一体的休闲度假区。

红色文化旅游区（旅游补充区）：中村片区是中村瑶族乡乡政府所在地，依托片区红色文化资源和心田村耕夫子黄桃示范园，集中打造融红色文化感悟、户外拓展训练、古镇风貌体验和黄桃文化展示等功能于一体的功能片区。

8.5.3 旅游线路规划

根据乡域内外旅游资源，规划将构建"内环+外环、内外环相通"的旅游空间线路格局。内环指的是由G106、X071和主要乡道串联中村瑶族乡境内重要的旅游景点，形成观红色文化、看瑶族乡奇景、赏百里桃花、泡康乐温泉、游平乐水库的小镇特色旅游线路。外环指的是炎陵县旅游环线，主要包括炎帝陵、神农谷红军标语博物馆等著名景点在内的主要旅游线路。内外环线通过G106联接，形成旅游资源的互动和补充，实现真正的全域旅游。

8.5.4 旅游节庆策划

通过节庆和活动效应提高知名度，同时经过节庆活动开展，使之创造良好的经济效益和社会效益。依托旅游产品体系，形成一大核心节庆，四大季节节庆的特色节庆主题。

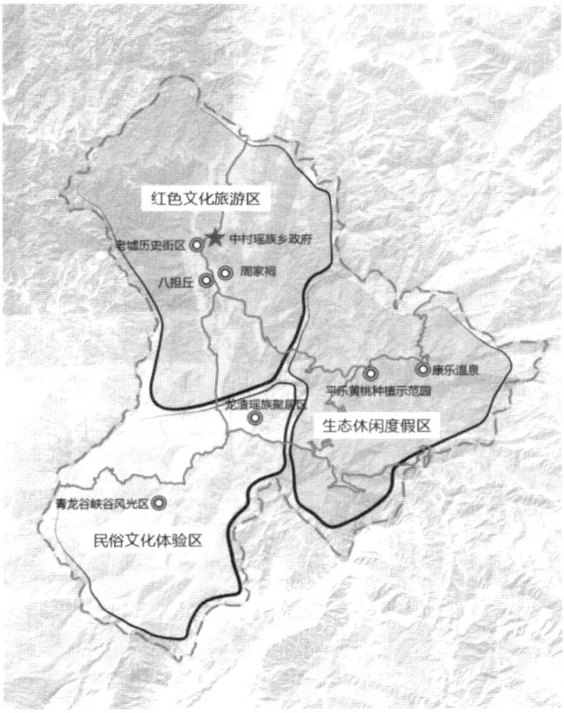

图 8-14　旅游发展总体规划

图 8-16　桃花节

图 8-17　黄桃大会

图 8-15　重要旅游节点分布图

图 8-18　红军村钟家大屋

图 8-19　盘王节

一大核心节庆——"桃源养生休闲"旅游节。依托黄桃发源地、良好的生态环境，优美的山水景观、秀丽的自然风光，每年举办"桃源养生休闲旅游节"，作为品牌节庆活动。通过线上直播、文艺表演、黄桃采摘、风光摄影比赛等一系列参与性极强的活动，充分展示黄桃小镇生态美景和风土人情。

四季主题节庆——

1. 春赏花——浪漫桃花节。依托春季漫山遍野的桃花，开展春季赏花游、摄影大赛，相亲大会，可举行集体婚礼策划。

2. 夏品桃、避暑——黄桃大会。依托五大四小的黄桃种植基地，开展线上直播、歌舞表演、黄桃销售、鲜果采摘、农业科普、亲子娱乐等项目，打造炎陵黄桃盛典。

3. 秋赏叶——秋收节。依托乡域内银杏、野生华桑等珍稀植物资源和多彩的山林景观吸引游客，开展秋季水果采摘、农事体验、秋收祭典等活动。

4. 冬泡汤——温泉养生节。依托康乐温泉开发的养生度假旅游产品、山野美食，开展冬暖养生节。

此外还有瑶族特色节日盘王节，让人感受独特的民俗风情；还有帐篷节、黄桃音乐会等迎合年轻人口味的节庆活动。

8.6 核心区规划设计

8.6.1 平乐片区——黄桃产业的核心示范区

平乐片区依托炎陵黄桃种植示范园，成功举办了炎陵黄桃大会和桃花节，作为中村瑶族乡的产业副中心，主要发展综合服务业、农产品贸易业、旅游业等。

规划在道路方面拉通沿河道路，连接平乐水库和县道 X071；服务设施方面，一是扩大农产品市场规模，增加停车场地，将原有冷库搬迁至市场旁，升级扩容，并相应增加货车停车位，原有冷库用地则规划新增产品研发及培训中心，而将村部对面的老宅功能置换为黄桃文化展示馆，并对现有旅游服务中心整体进行升级改造；二是对现有的商业街整体进行包装，打造为黄桃主题商业街。针对黄桃种植园区，规划新增黄桃主题的旅游设施，为观赏体验式旅游的开展打下基础。

8.6.2 龙渣片区——休闲旅游的特色体验区

龙渣瑶寨片区以中心区域开阔平坦的桃园为生态基底，并依托瑶族居民、瑶族石刻、盘王大庙等主要载体，打造瑶族文化观光体验区。

　　规划坚持瑶寨风貌的保护修复与发展利用并重的原则，融入旅游发展所需的必要设施，重新组织瑶寨的肌理，规划好瑶族文化博物馆、盘王广场、瑶族风情商业街、洣水溯溪、桃乡瑶寨酒店、桃园餐厅、桃园亲子营和露营地、游客服务中心等特色旅游项目和配套设施。

8.6.3　中村片区——精致生活的综合服务区

　　中村片区是中村瑶族乡人民政府驻地和中村瑶族乡的政治、经济、文化和教育中心，也是一个以红色旅游观光、商业贸易、综合服务产业为主，适宜人居的综合型小城镇。该片区是建设用地空间拓展的主要区域，规划有冷链工厂、黄桃加工工厂、中村老墟商业街、办公、康养居住等项目，形成整个黄桃小镇国家级田园综合体的核心综合配套服务区。

8.7　小镇发展现状

　　受高山气候影响，炎陵黄桃的生长周期很长，但也正是因为这样漫长的等待，炎陵黄桃比别处的桃子口感要香甜很多。其实特色小镇的建设与这一颗颗黄桃也有相似之处，它的发展从来都不是一蹴而就的，而是需要在政策和顶层设计的引导下，分期建设、良好运营、严格把关，才能最终成为桃味浓郁的特色小镇。经过多年的努力，近年来黄桃小镇的发展已取得不错的成绩，自 2019 年 1 月黄桃小镇规划定稿之后，小镇多项创建单位的申报获得成功，具体如下：

　　2019 年 5 月，湖南省农业农村厅、湖南省财政厅联合发布《关于认定 2019 年现代农业特色产业园省级示范园等创建单位的通知》。炎陵县中村黄桃产业扶贫开发有限责任公司黄桃特色示范园入围现代农业特色产业园省级示范园创建名单。

　　有关部门将从加强组织领导、强化创建指导、加大政策支持、加强动态监督等方面推动园区的建设与发展。

　　2019 年 7 月 31 日，湖南省农村工作领导小组办公室、湖南省农业农村厅发布了湖南省首批十个农业特色小镇名单，炎陵县黄桃小镇（中村乡）位列其中。此次遴选全省农业特色小镇，是按照"五有五好"的标准进行的：一是发展有规划，功能布局好；二是产业有规模，示范带动好；三是加工有龙头，品牌形象好；四是三产有融合，致富效果好；五是建设有特色，镇域环境好。有关部门将制定专门的扶持政策，推动农业特色小

① 中村广场
② 滨河游园
③ 消防站
④ 中村老埠历史街区
⑤ 沿河风光带
⑥ 百货超市
⑦ 社会停车场
⑧ 汽车站
⑨ 中村现族多乡政府
⑩ 办公及宿舍区
⑪ 黄桃加工工厂
⑫ 货车停车场
⑬ 冷链工场
⑭ 小区绿园
⑮ 垃圾回收站
⑯ 农产品市场
⑰ 幼儿园
⑱ 中村村委会
⑲ 八担丘广场
⑳ 爱国主义教育基地
㉑ 中小学
㉒ 游客服务中心

图 8-20 中村片区规划总平面

① 中村广场
② 滨河游园
③ 消防站
④ 中村老埠历史街区
⑤ 沿河风光带
⑥ 百货超市
⑦ 社会停车场
⑧ 汽车站
⑨ 中村现族多乡政府
⑩ 办公及宿舍区
⑪ 黄桃加工工厂
⑫ 货车停车场
⑬ 冷链工场
⑭ 小区绿园
⑮ 垃圾回收站
⑯ 农产品市场
⑰ 幼儿园
⑱ 中村村委会
⑲ 八担丘广场
⑳ 爱国主义教育基地
㉑ 中小学
㉒ 游客服务中心

图 8-21 龙渣核心区规划总平面

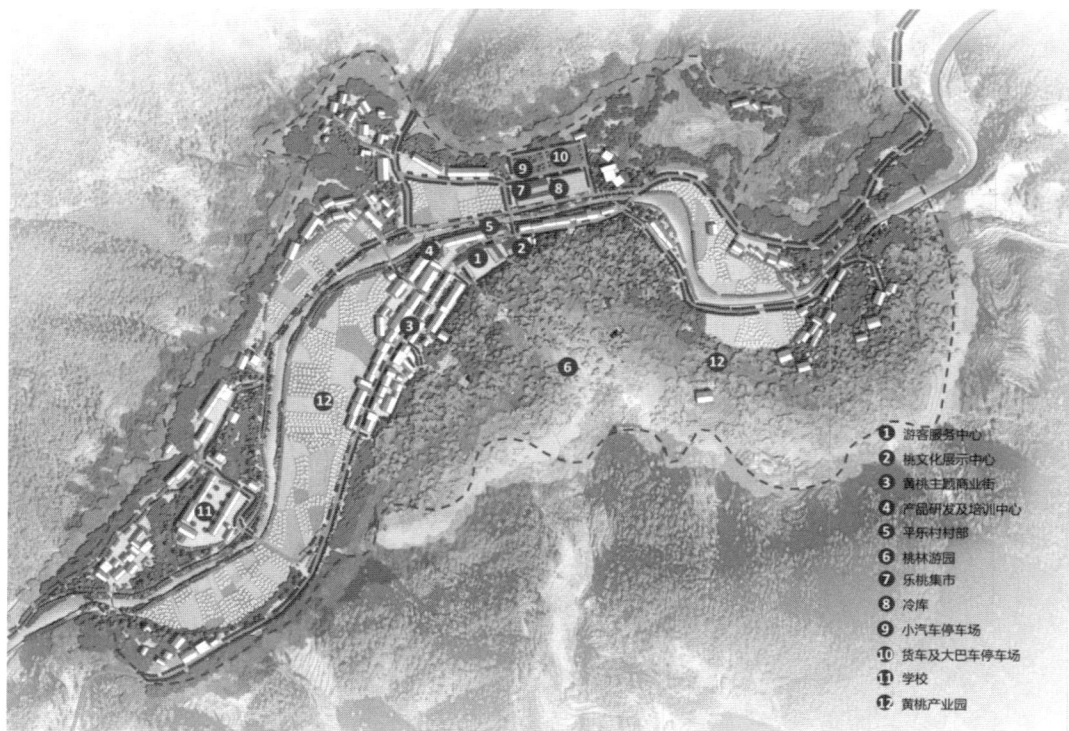

① 游客服务中心
② 桃文化展示中心
③ 黄桃主题商业街
④ 产品研发及培训中心
⑤ 平乐村村部
⑥ 桃林游园
⑦ 乐桃集市
⑧ 冷库
⑨ 小汽车停车场
⑩ 货车及大巴车停车场
⑪ 学校
⑫ 黄桃产业园

图 8-22 平乐核心区规划总平面

镇高质量发展；加大项目支持力度，全力支持农业特色小镇申报创建国家级农业产业强镇；开展产业指导帮扶，组织 10 个由农业科技专家组成的指导帮扶团队，对农业特色小镇开展"一对一"指导帮扶。

2020 年 3 月，湖南省农业农村厅公示了 2020 年国家农业产业强镇示范建设推荐名单，炎陵县中村瑶族乡榜上有名。根据《农业农村部　财政部关于深入推进农村一二三产业融合发展开展产业兴村强县示范行动的通知》，农业产业强镇将在实施乡村振兴战略和区域协调发展战略中发挥平台或支点的关键作用。农业产业强镇将成为资源要素的聚集区、县域经济的增长极、城乡融合的连接器、宜业宜居的幸福地、乡村振兴的样板田。以黄桃产业为主导产业的中村瑶族乡有望获得这项政策的支持。

目前，中村瑶族乡的各项创建工作也正在如火如荼地进行。在已有的政策及资金支持下，小镇规划中的梅岗红军村、遇见炎陵、部分村庄的黄桃销售点和冷库等众多项目纷纷落地，黄桃产业也更上了一层台阶，实实在在地促进了当地乡村经济发展。

第 ③ 部分

运营篇

第 9 章

田园综合体项目运营

9.1 综述

激烈的市场竞争，导致人们对项目运营越发重视。这里的运营指项目的全过程运营，是对项目整个的生命周期进行计划、组织、实施和控制。只有高效的运营才能保障开发项目的可持续增长盈利、项目投资的安全退出、属地百姓的脱贫致富、区域经济的高速发展等，满足各利益主体的发展诉求。运营管理作为田园综合体的健康可持续发展的关键部分，也是政府、开发企业等投资主体共同关注的核心问题。

目前，田园综合体项目中，有的投资运营主体是民营企业，由于资金短缺和对整体项目运营的能力欠缺，最后致使项目失败；而有的投资运营主体是政府旗下的文旅公司，联合财政和地方文旅基金进行共同投资，但由于缺乏爆点项目和有效的市场化盈利模式，最终陷入靠政府来养项目和养员工的境地。有的政府和开发企业只注重项目大干快上，而忽略了项目的持续运营造血能力，项目前中期通过地产的销售来平衡收益，一旦地产收益结束，项目运营欠佳，入不敷出存在将地产收益全部赔进去的风险。成都总投资 20 亿的项目——龙潭水乡，项目操盘人反将目光放在建筑与规划上，导致项目总体定位不清、动线混乱、业态规划混乱、招商能力差等，让整个项目只剩下一幢幢没有灵魂的建筑，从而走向凋谢之路。

田园综合体项目的可持续发展一方面可从运营的因素来分析，即通过市场调研来确定项目产品的定位，并通过定位对产品进行理性的定性、定量分析，从而搭建运营模式，测算投资回报率和进行收益管理，然后通过以上分析结论进行策划和规划，使项目整体的落地实施和实际运营更有保障。另一方面可从游客的角度分析，更多地关注游客的视觉、听觉、嗅觉、感觉、性别、年龄、家庭结构、消费心理、消费习惯、消费行为、消费频率等综合因素，给游客提供满意的产品，同时也为田园综合体项目文旅板块的开展做好顶层设计铺垫。

因此，运营管理是个综合的系统工程，在项目前期的策划和规划阶段就应将运营元素考虑进来，并且在前期针对田园综合体的项目业态、指标、资金投入量、运营管理措施等内容制订实施计划策略，为项目的持续成长提供保障。

9.2　组织主体架构

田园综合体以属地农民参与和受益为根基，以农民合作社为重要载体，是依托农业生产，深化农村改革，并进行综合开发的乡村发展平台；是将多种资源进行整合，把乡村属地资源与企业的科技力量和金融资源进行结合的一种组织方式。田园综合体这种架构对乡村的发展大有裨益。首先，企业承接农业，有效避免农户盲目迎合市场的短期行为，并通过中长期农业产业规划，以发展农业产业示范园的方法提高农业产业的规模效益，发展现代农业，打造当地的基础性产业。其次，通过新兴产业即文旅产业的发展促进社会经济持续发展。最后，在基础产业和新兴产业的双重驱动下，促进当地的社会经济快速发展。

因此，合理的组织方式和明确的职能分工是田园综合体成功运营的重要课题。

9.2.1　组织构架

田园综合体的开发建设涉及多方主体，只有深刻剖析每个主体的职能分工和利益诉求，才能构建高效合理的组织架构。这个高效合理的组织架构，由政府、村集体、合作社和开发企业等主体共同参与，围绕田园综合体合作平台公司，通过政策、资金和技术聚合优势，打造村民可参与可受益的合作组织，并以此为合作平台开展田园综合体的建设与运营。如图 9 - 1。

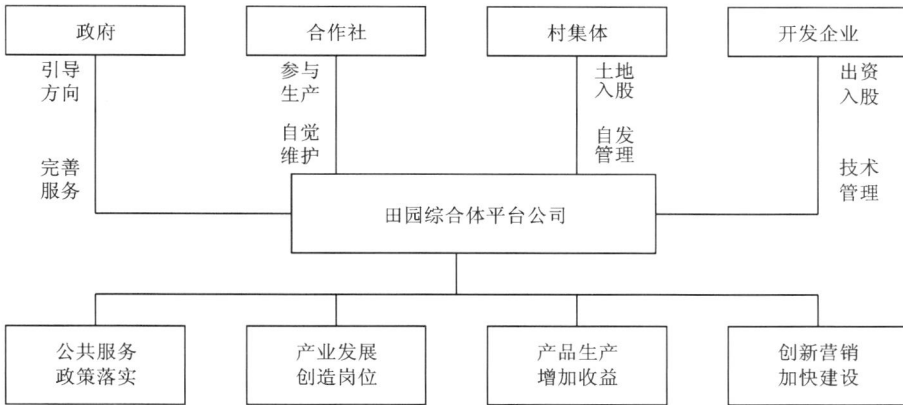

图 9-1　田园综合体组织架构示意图

9.2.2　职能分配

一、政府

田园综合体发展过程中政府在项目前期起到奠基石作用，在中期起到引路人作用，在后期主要是保障的作用：一方面，进行方向性的把控和引导能够加快公共服务设施和基础设施的开发建设；另一方面，可以推进完善各项扶持政策，为田园综合体开发运营过程中涉及的村民合作社、村集体和开发企业搭建发展合作平台，为田园综合体的发展创造基础设施和扶持政策的双重优势。

二、合作社

合作社作为新型农业经营主体，主要是由农民构成。农民作为田园综合体中合作社的主要参与人和受益人，不仅可以参与到农民合作社经营管理和收益分配中，还可以通过自己的劳动，在农业、手工业和旅游业等方面创造财富。

在田园综合体的开发建设中，应当有效发挥合作社的主体带动作用，建立市、镇、村三级农民合作社的网络系统，即以市供销合作社为引领，以镇供销合作社为发展平台，以村供销合作社为枢纽，以农民专业合作社为根基，大力促进"组织＋生产＋经营＋服务"于一体的新型供销合作组织体系构建，充分发挥三级合作组织的职能作用，有效地服务于田园综合体项目。

合作社的经营模式可以分成以下几种方式。

（一）"生产在家，服务在社"型合作社

这是农民专业合作社里较为普遍的模式，合作社承担服务的功能，它可以为入社的农户统一提供服务，如统一提供种子、化肥、加工和销售等各种服务；入社农户则需要缴纳相应的入社股金或入社费，才能享受合作社提供的这些服务。该合作社类型要求较强的服务能力和专业的业务运营团队，且由于合作社较为松散，社员与合作社关系不太紧密。

（二）土地托管型合作社

土地托管型合作社又名"土地托儿所"，与"生产在家，服务在社"型合作社相比较，土地托管型合作社通常采用"大包干"服务模式，农民将自己的土地托管给合作社，合作社对农作物从种到收的全程采取"托管"服务，并按亩收取相应的服务费，土地所得全部收成都归被托管的土地的所有者所有。土地托管的合作社模式能很好地改善平原地区因农民外出务工而导致土地荒废的现状，合作社通过机械化和规模化经营模式，降低生产成本。

（三）股份制合作社

股份制合作社是更高阶段的合作模式，股份合作社中经济股份合作社较为常见。该合作模式中农民将自己的土地按照一定系数折算成股份入股到合作社，合作社按照统一规划和科学经营，开展休闲农业、农产品加工业等附加值相对较高的产业，年底合作社扣除经营成本和提取公益金之后，还能对入股的农民进行分红。股份合作社还可以通过设立公司，专门进行深加工、营销、出口等业务的延伸，突出集团化发展的优势。

三、村集体

村集体作为农民权益的另外一种表现形式，是平台公司合作社与农民之间相互联系的纽带。村集体作为农村土地资源的所有者，通过土地入股的方式，参与到田园综合体的农民合作社中去，同时让农民和村集体获取合作社的管理和收益权。农民可以通过村集体对合作社持股并进行相应的管理，激活农民的主人翁意识与农业生产积极性。

四、开发企业

田园综合体的管理由股份制公司建立董事会，董事会成员由村民委员会、合作社、龙头企业负责人一起组成，并设置董事长和监事各一人。

开发运营中的重大事宜均先由董事会决策，再由董事长进行组织落实，各组成机构团体负责执行，打造村集体进行组织，合作社和龙头企业等共同参与，农民通过村集体和合作社参与到田园综合体的建设管理体系，从而盘活田园综合体的内部资源，调动各方建设的积极性，激活田园综合体开发建设和运营的内生动力。

开发企业可以为合作社提供资金和技术上的支持。一方面，开发企业出资入股农民合作社，为合作社产业发展和基础设施建设提供资金方面的支持；另一方面，开发企业又可以通过专业化管理与科学市场分析为田园综合体指引发展方向，引导乡村产业健康发展。

五、田园综合体平台公司

田园综合体平台公司是政府、村集体、合作社和开发企业这四大田园综合主体参与主持的管理组织，通过平台整合管理集合四大主体的优质资源，推动田园综合体健康可持续发展。

9.2.3　管理模式

田园综合体通过开发企业和地方政府合作的模式，对一定地域范围内的农村地区进行整体策划、规划、开发、建设和运营，以期打造广阔农村中的新样板社区与生活方式。协调政府、村集体、合作社和开发企业四大主体的利益关系，实现四大利益主体间的可持续发展是田园综合体的主要目标。这就需要创新型的合作组织模式来突出政府的引导协调作用、企业的带头作用，农民合作社则通过入股分红、股份合作的方式来强调村民参与。

田园综合体的开发建设依托于多方主体的共同参与，但田园综合体始终以解决农民的利益诉求为核心，田园综合体的一大利益主体——农民合作社也是以农民为主的合作组织，农民通过村集体参与到田园综合体的管理工作中去，而开发企业和各级政府又要对合作社进行管理和指导，最终形成以农民为基础，多方共同合作的管理模式。

一、农民为主实施管理

农民作为新型农民合作社的主体，是新型农民合作社的主要执行者和管理者。合作社的组织运营中农民可以承担自主管理权，对合作社发展的相应事物进行自主决策，从而激活农民积极性与责任感。

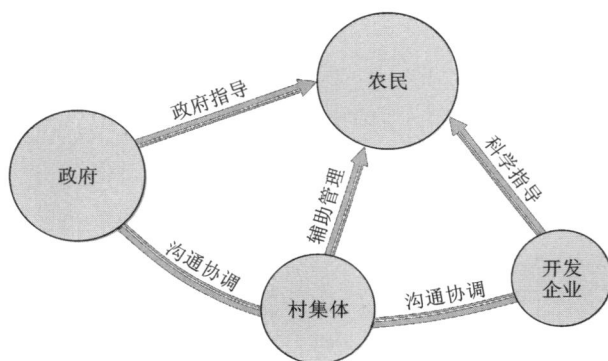

图 9 − 2　田园综合体管理模式示意图

二、多方合作共同参与

政府在田园综合体的开发建设过程中承担政策方向引导的作用，政府将从行政、法律、政策和资金等方面指导田园综合体的健康有序发展，同时让村民自发管理也具备相应的法律和政策保护。

村集体是村民自发形成的管理组织，村民在田园综合体建设过程中的大量问题通过村集体共同商议来决定，并且村集体发挥了政府与开发企业之间沟通协调的桥梁作用。

开发企业具有丰富的管理经验和技术储备，在田园综合体的开发建设中，企业可以为村民的自发管理行为提供科学指导和科技支持，从而促进合作社运行和管理的科学化发展。

总之，上述利益主体在田园综合体管理中各有其职能分工，我们应据此打造农民为主体、多方共同合作的系统管理模式，建立农民在田园综合体管理中的核心地位，促进田园综合体更好发展。

9.3　用地模式与来源

田园综合体的开发建设以保障农民的主体地位为核心，农业是我国国民经济发展中的基础性产业，也为三产融合发展提供了基底条件，因此，田园综合体的开发建设过程中，土地的有效供给至关重要。田园综合体项目以当地优势特色"三农"资源为依托，在充分盘活农村资源的基础上，改进用地模式，保障田园综合体项目的可持续发展。首批国家级田园综合体项目多处于乡村，土地所有权属于农民或者集体，因此，田园综合体项目的建设涉及到农村集体产权的安置问题和农民权益的保障问题。

9.3.1　用地模式的内涵

田园综合体投资项目都涉及土地的使用，故土地的研究和应用价值应作为田园综合体开发建设的先决条件。但由于田园综合体多位于乡村，农村"集体土地"相较于"国有建设用地"，是一个全新的领域和范畴。根据田园综合体项目的特点和所在的区域，将田园综合体用地模式分为：投资项目开发所需土地的获取方式、用地合作方式和土地收益分配方式。

第一，土地获取方式，通过法律的手段获取有价值的土地，作为项目实施的先决条件。田园综合体土地获取方式指的是当地政府和开发企业取得田园综合体建设项目获取土地使用权和土地经营权。土地获取方式的不同能影响未来田园综合体建设投入的方向和重点，因此，田园综合体投资项目开发建设必须关注土地的获取方式。

第二，项目用地合作方式，指的是田园综合体投资项目开发建设中所涉及土地的使用和经营部分，用地主体通过转包、出租、互换、转让或其他方式对投资项目所需土地进行流转合作的方式，一般来说，田园综合体开发用地主体包括地方政府、村集体、农民专业合作社、开发企业、农业综合开发公司和各类新型农业经营主体等。田园综合体用地合作方式的革新，有助于协调各合作方在项目开发建设过程中所面临的问题，完善项目的整体开发过程和实现可持续发展。

第三，土地收益分配方式，即田园综合体项目在农村集体土地上投入运行之后，基于产权和地租理论，探讨田园综合体各参与主体收益分配的利益分享模式和实现机制。这一方式的选择在一定程度上决定了各地区政府、合作社、村集体及开发企业资金的合理分配和有效利用，是田园综合体项目健康、可持续建设和发展的助推器。

9.3.2　用地来源

田园综合体投资项目的开发建设过程中，用地存在多样性，主要包含农户宅基地和闲置农用地、农村集体建设用地、"四荒地"和城乡建设用地增减挂钩等。

一、农户宅基地和闲置农用地

随着我国经济的发展和城镇化水平的提升，农民进城务工并定居，农村中出现大量闲置农用地和宅基地。而在全国乡村振兴建设的背景条件下，部分村庄利用这些闲置的土地资源开展村庄的更新改造，建设休闲农庄和田园街区等农旅项目，但由于缺乏统一的规划管理，农村也存在房屋拆迁和重建的现象，新建的农村住宅存在"城市化"的风格，这不仅破坏了原始的田园格局风貌，同时也增加了更新、改造和重建主体的土地审批难度和用地成本。2018 年底，农村宅基地制度改革试点地区共腾出零星、闲置的宅基地约 14 万户，8.4 万亩。农业农村部等各部门出台相关政策用来激活农村闲置宅基地和闲置农房，对农村闲置宅基地进行综合整治。2019 年 9 月 20 日，中央农村工作领导小组办公室、农业农村部印发《关于进一步加强农村宅基地管理的通知》，鼓励村集体和农民盘活利用闲置宅基地和闲置住宅，通过自主经营、合作经营、委托经营等方式，依法依规发展农家乐、民宿、乡村旅游等。城镇居民、工商资本等租赁农房居住或开展经营的，要严格遵守合同法的规定，租赁合同的期限不得超过二十年。合同到期后，双方可以另行约定。因此，田园综合体项目可以充分利用农户宅基地和闲置农用地进行观光农业、创意农业、特色民宿、农家小院等农旅体验类项目的打造和建设。

二、农村集体建设用地

农村集体建设用地分为：宅基地、公益性公共设施用地和经营性用地。田园综合体的商业类项目要在建设用地的基础上进行开发建设，因此集体建设用地是商业类项目建设和开发的基础，公共服务设施、基础设施等用地和宅基地等集体建设用地占田园综合体项目建设的重要一环，同时，农村集体建设用地将成为休闲农业用地、乡村旅游用地和观光园区用地的主要来源，并是田园综合体的重要支撑。随着我国经济的发展和城镇化水平的提升，农村集体土地特别是城郊区的城市规划区范围内的农村集体建设用地的价值不断提升，土地的交易活动越发频繁，集体土地入市也随之产生，集体经营性建设用地直接入市就是指土地利用总体规划、城乡规划确定为工业、商业等经营性用途，并经依法登记的集体经营性建设用地，土地所有权人可以通过出让、出租等方式交由单位或者个人使用，从而解决了过去农村的土地必须征为国有才能进入市场的问题，能够为农民直接增加财产收入。同时在集体经营性建设性用地入市的时候，要求必须由村民代表大会，或者村民会议三分之二以上的成员同意才能入市。这为田园综合体项目的落地建设创造了极大的用地空间。

三、"四荒地"

"四荒地"指荒山、荒沟、荒丘、荒滩等用地，在农村地区大范围存在，是农业多功能发展和农村产业提升的重要土地资源。因此，关于农村"四荒地"的土地开发利用政策也上升到国家的层面。"四荒地"本质上属于当下农村经济发展中未得到充分、合理和有效利用的土地资源，是在农村土地类型中比较容易获得的土地，其审批难度和开发周期相对于集体建设用地来说都具有明显优势，故也是田园综合体投资项目开发建设的重要土地资源。2016 年中央一号文件以及《农业部等 11 部门关于积极开发农业多种功能大力促进休闲农业发展的通知》中鼓励利用"四荒地"（荒山、荒沟、荒丘、荒滩）发展休闲农业，对中西部少数民族地区和集中连片特困地区利用"四荒地"发展休闲农业，其建设用地指标给予倾斜。"四荒"使用权承包、租赁或拍卖的期限最长不得超过 50 年。

四、城乡建设用地增减挂钩

在我国 18 亿亩耕地为红线的建设背景下，我们可通过城乡建设用地增减挂钩方式保证田园综合体投资建设项目的用地需求。城乡建设用地增减挂钩指的是休闲农业项目建设占用耕地先要在异地垦地，只有当异地垦地的数量和质量经过国家相关部门法定程序验收合格之后，才能占用耕地进行建设。在数量上，异地垦地与当地占地面积之比，可根据不同情况，分别为 3 倍、4 倍、5 倍。在质量上，保证新垦地总产量大于所占地原产量。异地可以是本乡镇、本区县，甚至是跨省区进行实施。但在项目建设过程中，应当注意垦地之生态保护和管理监督等问题的研究。

9.4　经营机制

田园综合体据其拥有资源禀赋和运营主体的不同，其经营模式也不尽相同。目前，全国田园综合体可以大致分为以下三种经营模式，即企业主导型模式、村企合作型模式和政府主导型模式。如"田园东方"通过企业主导型模式推进项目建设，"田园东方"的阳山模式侧重于旅游板块和田园社区打造，通过门票、租金、体验游乐、休闲餐饮、住宿等端口进行营收。浙江鲁家村是田园综合体建设中村企合作模式的典型代表，走的是"村 + 公司 + 农场"的道路。四川都江堰"天府源"田园综合体是以政府主导型模式推进田园综合体建设的，走的是"政府 + 企业 + 农民"的道路。

9.4.1　企业主导型

2012 年，无锡"田园东方"项目在阳山镇开始启动，项目总规划用地面积为 4.16 平方公里，田园东方集团总投资约 50 亿元。项目分为农业、居住和文旅三大功能板块，分别是现代农业、休闲旅游、田园社区等新型复合产业，成为农业和农村绿色、健康、生态可持续发展的强大动力。

一、田园东方以企业为主导的土地营收端口的创新

"田园东方"项目以企业为主导,创新了项目经营的营收端口,以田园东方的资金、技术以及成熟的经营方式作为项目开发建设的支撑,以区域的综合开发为顶层设计思路,创新用地模式,提升了项目所在区域范围内的土地价值。项目在整体开发建设运营中,创新运用了休闲娱乐、租金、餐饮、门票、住宿等多种收益方式。他们强调项目在开发建设全周期内的创收,项目建设前期即以开发企业小规模的物业为营收端口来保持项目的整体运营;中期引入文化旅游项目来提升土地的价值,建立"旅游+地产"同步植入、同步发展的项目综合盈利模式;后期对相关的基础配套服务设施进行跟进完善,以开放的方式进行综合运营,促进项目整体的循环、健康、可持续发展。

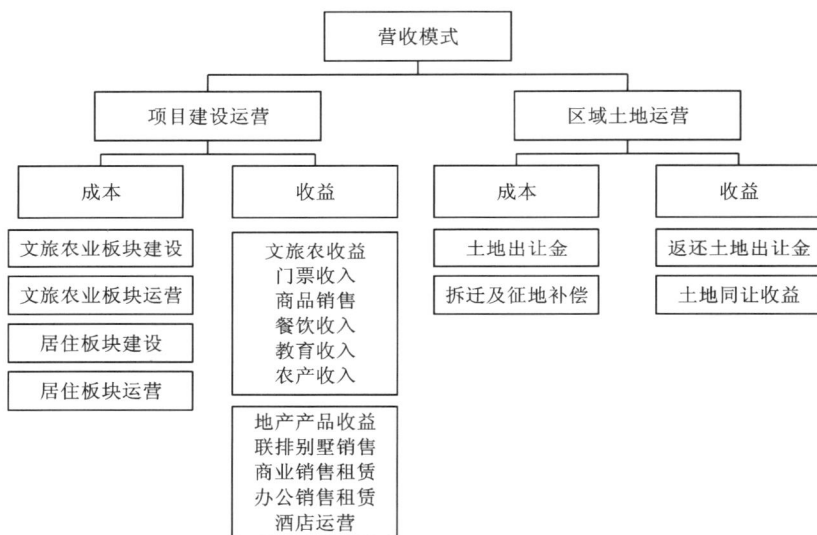

图 9 – 3 田园东方项目营收模式

二、基于信托流转的集体土地利用

阳山镇采用土地信托的方式进行土地流转,保障"田园东方"项目的用地需求,个体农户以农村合作社为纽带,间接参与到田园综合体的开发建设过程中,村集体和农村合作社在田园综合体的开发建设中发挥着重大作用。"田园东方"项目创新了"政府+企业+村集体+农民"的合作经营模式,在合作中实现各个主体对用地的诉求,最大程度上保障各方的权益。在具体实践过程中,村民把土地资源按照一定的系数比例折算成资

本，参股到村集体资产公司和农村发展运营平台，实现股份定期分红，还可以获得政府对土地利用提供的补偿收益，同时为项目的建设和运营服务提供劳动力从而获得劳动报酬；田园综合体通过旅游开发的方式实现项目在各阶段的收益来源，比如在完成综合体整体建设后，通过收取门票的方式获得经营收入；同时树立居住生活区的品牌形象，以民宿等形式实现收益，借助周边配套的房地产项目迅速提升土地价值的方式获得收益。"田园东方"与东方城置地、无锡富民等企业进行战略合作，土地投资占比分别是75.79% 和 24.21%，另外企业吸纳大量当地农民在项目就业，从而保留了大部分原住居民，以便构建综合体持续健康的发展用地生态体系。

9.4.2 村企合作型

鲁家村是田园综合体建设村企合作模式的典型代表，走的是"村 + 公司 + 农场"的道路，首次开启了家庭农场聚集区和示范区的建设模式。鲁家村经过"村 + 公司 + 农场"的经营模式，对鲁家村"有农有牧，有景有致，有山有水，各具特色"的美丽乡村景观进行保留升级。2016 年鲁家村人均纯收入增至 32850 元，村集体总资产突破 1 亿元。

鲁家村田园综合体由村集体组织引导，并联合乡村旅游开发公司，设立专门的农业综合开发企业，提供农业生产前、中、后阶段的各项农业种植服务，建立以农业产业为基础，家庭农场为纽带的现代化建设模式。在鲁家村田园综合体建设中，村里负责统筹流转土地资源，并招引农场主，乡村旅游开发公司负责建设公共设施同时拥有公共设施的运营管理权，农场主自主建设项目则按照鲁家村田园综合体的总体规划要求进行建设。

一、"家庭农场"式的集体土地流转

鲁家村位于杭嘉湖平原，鲁家村田园综合体规划占地面积 16.7 平方公里，项目用地范围内以山地和丘陵为主，低丘缓坡面积占比达到 90%，地势较为平缓，有近 1 万亩的低丘缓坡可供开发建设。2013 年，鲁家村将集体建设用地、村庄宅基地、闲置土地、山林等土地资源，通过土地流转的方式加快土地的规模化经营，并在流转土地上创建 18 个特色鲜明的家庭农场，再通过政策引导，鼓励家庭农场扩大农业生产。当地采用以"家庭农场"为单位的土地流转方式，最大限度地促进土地规模化开发和经营，使土地获得最大规模经济优势，同时还为现代农业的发展提供了更多可能。

二、"公司 + 村 + 农场"式的合作方式

2015 年 1 月，鲁家村联合安吉浙北灵峰旅游有限公司创建安吉乡土农业发展有限

公司和安吉浙北灵峰旅游有限公司鲁家分公司，安吉乡土农业发展有限公司承担18家农场、风情街、交通系统和游客服务中心的管理和投资。安吉浙北灵峰旅游有限公司鲁家分公司则利用多年旅游发展的经验和积累的客源市场，进行营销宣传活动。

2016年，该村又创建安吉乡土职业技能培训有限公司，负责为属地百姓和外来创业者提供乡村旅游方面的培训。三家公司由旅游公司进行控股，其中鲁家村集体占股49%，旅游公司占股51%。

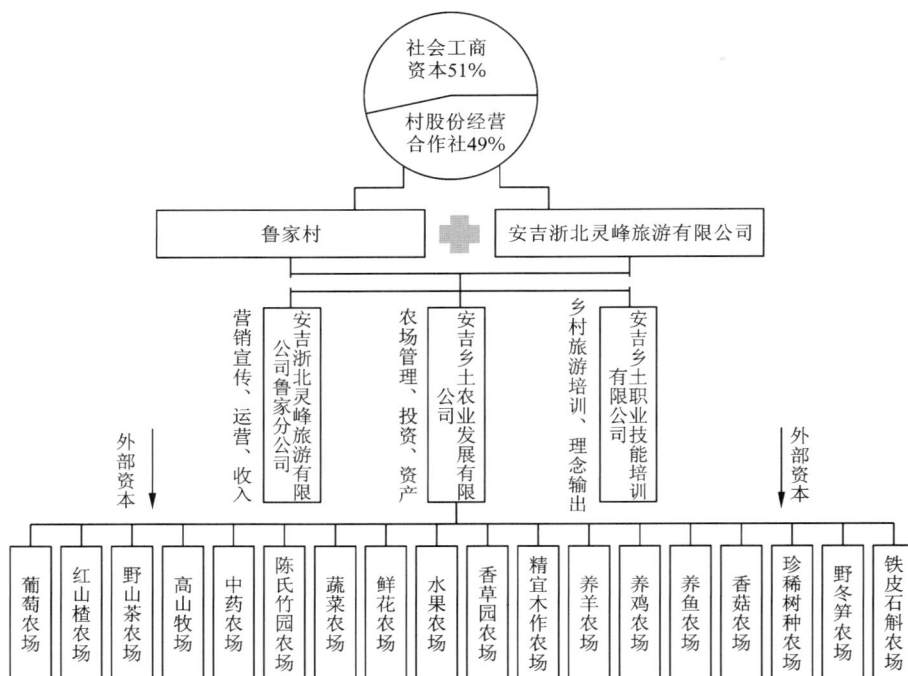

图9-4 鲁家村"村+公司+农场"模式

三、"入股分红+就业创业"的盈利模式

鲁家村村民通过村集体与工商资本以股权为桥梁形成田园综合体开发建设中的利益共同体，并建立了一套完整的利益分配机制，通过股份合作分红方式，鲁家村三大利益主体，即村集体、旅游公司、家庭农场主依据各方商定的比例进行利益分配，可以通过赚薪金、拿租金和分股金方式增加村民人均收入。2011—2017年，鲁家村村民人均收入提高了16115元，村集体经济收入从1.8万元提高到333万元，村集体资产从不足30万元增至近2亿元，使村民、浙北灵峰旅游有限公司、18家家庭农场实现了互利共赢，进而提高了各利益主体的积极性。

在农村集体资产和土地产权的分配上，鲁家村打造的"公司＋村＋农场"的合作经营模式的重点是在村集体组织中确定成员身份，以集体组织为代表有序实现单个农户集体产权，实现集体经济的多样化发展。一方面，使农民和村集体的权益得到有效保障，另一方面，充分释放农民和村集体的发展潜力，使其在农村经济发展中的参与意识得到明显提高，创造力得到充分挖掘，使以合作社为载体的田园综合体得到长远可持续发展。

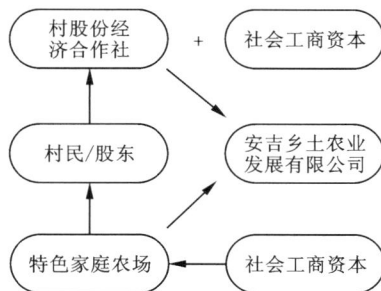

图 9 - 5　鲁家村"村＋公司＋农场"模式的利益共同体

在鲁家村建设的融资运营层面，通过众筹的形式，依靠社会化的力量，打破资金和人才的限制条件，达到资源资产资金的高效聚合。目前鲁家村外来招商引资的资金将近20 亿，已有 10 多亿资金正在投建 18 家家庭农场。

9.4.3　政府主导型

都江堰"天府源"田园综合体是四川省第一个国家级的田园综合体项目，总规划面积为 36.6 平方公里，共包含天马镇和胥家镇的 13 个社区和 133 个村民小组。项目以有机果蔬种植为基础，通过"三区、四园、一中心"的空间发展结构，将项目打造为现代农业产业发展的示范园区。整个都江堰田园综合体项目由都江堰市人民政府牵头实施，以市场为导向，坚持农民的核心地位，注重发挥各方的优势实力，创新各主体利益合作机制，打造"政府＋企业＋农民"的经营模式，保障农民充分参与建设的收益模式，保障田园综合体开发建设项目的健康可持续发展。基层人民政府在田园综合体项目实践中不仅能充分挖掘当地潜在资源，并实现充分利用，还能认识到农民群众和村集体在田园综合体发展中的积极促进作用，并以此为基础，向田园综合体提供资金以及制度安排上的支持。

一、"租赁+有偿转包"的土地流转方式

在地方政府政策和资金扶持下，"天府源"田园综合体通过土地流转的方式，整合 25 片林地资源和 297 亩退耕还林的土地资源，让农村集体资源实现高效配置和利用。在当地经济和城镇化不断提升的过程中，农村出现大量闲置和荒废的土地资源，都江堰市人民政府结合当地实际情况实行有偿转包的土地流转方式，推动土地向专业合作社和种植大户的转移，流转土地由合作社或村集体组织利用专业技术和专业的农业设备进行耕作和现代化农业经营。同时，引入农业开发与综合发展公司租用山地，投入 100 亿元的资金打造有机花卉的种植园区，以休闲、观光、旅游为主要发展方向，在开发农业体验、休闲康养、农家乐等农旅体验类活动的过程中，加大银行对各类项目建设进行农房抵押贷款的力度。

"天府源"项目在激活区域内的闲置土地资源的基础上，还有效保证了农民的土地权益，推动了农业现代化的深入发展。以天马镇为例，当地政府通过法律条文的措施保护农民利益：一方面，法律明文规定开发企业的休闲旅游产业，必须充分吸纳当地农户参与种植和管理，为当地农户提供保底收入，并保证农民有较高的纯利润；另一方面，闲置土地和农房集中流转后，开发企业应采取"互联网+"的模式进行整体打造和经营，农户可以从项目的后期经营收益中按合同条文约定比例进行分红。

二、"政府+企业+农民"的合作用地方式

地方政府各部门充分发挥中央和地方的各项农业发展财政资金的引领作用，与开发企业、银行和保险公司进行合作，聚力推动现代农业的发展。为实现农民收入持续增长的目标，都江堰市基层人民政府把开发企业的利益和农民的利益进行有机结合，创新合作经营以及利益联结模式。在项目区建设中，由四川绿沃农业发展公司进行花卉的种植、繁育、研发，并且以当地村党支部为引领，建立院落业主管理委员会，组织零散农户发展特色民宿等农村特色产业，在支持农民发展的基础上，同时也为企业的开发建设工作提供配套支持。在鲁家村田园综合体项目立项后，"拾光山丘"作为项目核心示范区，总共吸引了五家企业对乡村旅游项目进行投资，并成立了乡村旅游合作社，通过"农户+企业"的方式，将农户进行集中组织，并参与到有机农业的生产中，提升了农民的组织化程度。2017 年底，综合体建立了 100 亩有机水果示范基地、75 亩有机粮油示范基地，年产值高达 165 万元，村民人均每户的收入增值达到 1.2 万元。

三、"补改股 + 三三制"的收益分配模式

"补改股"模式。都江堰市人民政府在田园综合体整体发展思路下，对天马镇禹王社区的玫瑰溪谷项目实行"补改股"的收益分配模式，即通过股权量化政府的各项补助与资金，并分配到每个符合条件的农民合作社成员身上，同时与企业合作进行投资收益分配，使农民和开发企业共享园区建设红利。目前，禹王社区整合了 600 万的农村产业发展资金和农民合作社的集体资金，农民合作社年均收益达到 40 多万元。

"三三制"模式。都江堰市人民政府在胥家镇金胜社区推行"三三制"的收益分配模式，即村集体、企业和群众集资集劳投入各占三分之一，按照此比例投入，对项目园区进行开发建设，其中村集体资产投入包括政府的各项扶持资金。然后依据村集体、企业和农户三者折算资本的投入比例，进行统一的规划和标准化管理，增加的额外收益按约定比例进行分配。2017 年底，金胜社区的农户收益达到 6 万多。

表 9 - 1　田园综合体经营模式的总结和对比

模式	阳山经营模式	鲁家村经营模式	都江堰经营模式
所处位置	江苏无锡阳山镇	浙江湖州市安吉县	四川成都都江堰
土地流转方式	土地信托流转	家庭农场	租赁 + 有偿转包
合作用地方式	政府 + 企业 + 村集体 + 农民	公司 + 村 + 家庭农场	政府 + 企业 + 农民
土地盈利方式	企业为主的营收端口	入股分红 + 创业就业	补改股 + 三三制
适用条件	集体组织实力	土地规模化经营	用地融资渠道

9.5　投融资模式

乡村振兴战略背景下田园综合体应运而生，但乡村建设中的开发项目建设投入高，开发周期长，并且在田园综合体项目开发前期可供抵押贷款的资产空缺，导致其获得投资概率偏低。因此，获得投资成为田园综合体建设过程中的重要一环。

国家对于田园综合体的资金扶持额度根据田园综合体的级别有所区分。国家级田园综合体，6000—8000 万/年的资金扶持，连续三年；省级田园综合体，3000—6000 万/年的资金扶持。因此，在田园综合体开发建设过程中我们要根据其开发建设的特点进行融资，目前田园综合体的融资方式主要包括七种形式。

9.5.1 田园综合体 PPP 融资模式

在田园综合体的开发过程中，政府通过订立《PPP 合作协议》，与社会资本出资企业按照合同要求的出资比例共同创办 SPV（特殊目的公司），双方共同创建《公司章程》，政府确定相关的行政部门赋予 SPV 特许经营权，SPV 负责田园综合体中的开发、建设和运营的一系列服务方案。

在 PPP 合作模式中，社会资本与金融机构以订立的《PPP 合作协议》合同为基础，介入 PPP 的投资运作，在田园综合体项目建成后，经过股权转让的措施，退出股权完成收益。但 PPP 融资模式容易引起私营机构较高融资成本，其特许经营制度可能引起垄断，导致长期合同的灵活性欠缺。

9.5.2 田园综合体产业基金及母基金模式

产业基金能为田园综合体产业植入提供资金保障，产业基金模式按照融资结构的主导地位包含以下三种类型。

1. 政府主导。政府主导的产业基金模式常由人民政府（多为财政部门）进行担保启动，人民政府财政部门、银行和保险等金融机构以及其他类型的出资机构按照一定比例共同出资，创建田园综合体产业基金的母基金。人民政府担负主要资金风险，成为劣后级出资人。金融机构和其他类型的出资机构作为优先级出资人，担负次要风险。政府财政部门和金融机构以及其他类型的出资机构的资金比例通常为 1:4。在政府主导的产业基金的模式下，田园综合体的开发建设项目需通过金融机构审核和人民政府审批。

2. 金融机构主导。以银行和保险等金融机构为主导，结合国企创建产业基金公司，作为田园综合体的主要投资机构。

3. 社会企业主导。社会企业主导产业基金模式通过企业进行担保启动，这类企业通常以大型实业类企业为主，企业担负主要资金风险。该产业基金模式的灵活性较大。

9.5.3 田园综合体国家专项基金贷款模式

国家的专项基金即国家发展改革委员会委托国家开发银行和中国农业发展银行，向邮储银行定向发行的长期债券。在田园综合体的开发建设过程中，开发企业通过已有资产抵押达到融资的目的。根据国家和地方的规范性文件将田园综合体运营项目成功纳入政府采购目录，依托政府采购的方式获取项目贷款。该贷款方式不仅可以延长贷款期限，而且还能实现分期、分段还款。该贷款方式作为一种长期的贴息贷款，是田园综合体重要的融资方式。

9.5.4 田园综合体收益信托模式

信托公司基于田园综合体项目开发建设企业的委任，向社会发行信托计划，为田园综合体具体项目的建设筹集信托资金。委托人收益来源于运营收益、政府补贴、收费等形式，金融机构凭借其资金投入可获取资金方面的收益。

9.5.5 田园综合体发行债券模式

田园综合体项目的开发建设企业在符合发行债券的先决条件下，在交易商协同登记注册后推出开发建设项目的收益票据，票据可以包含永续票据、中期票据和短期融资债券等债券形式，该债权能用于银行间的交易。同时，国家发改委还可以授权开发建设企业推出企业债和项目收益债，或是发行公司债等。田园综合体发行债券模式的资本成本较低且资本结构易于调整，但该模式的财务风险较大，限制条件较多，筹资数量有限。

9.5.6 田园综合体融资租赁模式

融资租赁是指在田园综合体的开发建设中通过对资产使用权的转化来进行融资的方式。田园综合体的开发建设中，融资租赁可以包含以下三种方式：直接融资租赁，有效缓解田园综合体建设期间大量资金需求的压力；设备融资租赁，对于高成本的大型设备的购置具有显著作用；售后回租，田园综合体建设期间可以购置"有可预见的稳定收益的设施资产"并且对其进行回租，该售后回租能有效盘活田园综合体的存量资产，改善开发建设企业的财务状况。

9.5.7 田园综合体资产证券化（ABS）

资产证券化是指在田园综合体的建设过程中将缺乏流动性的资产通过资产特定组合的方式，转化成可以自由买卖的证券，从而发行资产支持证券（ABS）。

田园综合体的开发建设过程中包含大量基础设施和公共服务设施建设问题，考虑到我国现阶段法律条文框架，资产证券化易遇到"基础资产"权属不明确的问题，但在"基础资产"权属明确的背景下，田园综合体的建设能够尝试运用这种融资模式。

9.6 盈利方式

盈利方式是田园综合体的开发建设企业在精准把握市场定位、确定项目利润来源、挑选最佳合作伙伴的基础上，结合企业自身运营、销售以及财务等方面的综合能力，以获取更多收益为目标而设计的经营方式，同时也是田园综合体项目健康可持续发展的基本保障。田园综合体因产业、形态和规模的差异，其盈利的方式和能力也不尽相同。本书认为田园综合体的盈利模式除了应通过立足根本、关注农业本身而进行盈利，还应塑造品牌延长产业链，整合资源挖掘合作伙伴，实现传统农业以外的盈利，以期为未来田园综合体的健康可持续发展提供保障。

9.6.1 创意休闲农业盈利方式

创意休闲农业盈利方式以田园综合体的核心产业发展为基础，将创意休闲农业植入产业开发运营的全过程，并通过完善项目基础设施和提升服务水平，来迎合旅客的生态田园度假需求，并通过项目的经营获取最大的经济效益。创意休闲农业主要从以下几个方面出发，进行有机组合，创新休闲农业的盈利方式。

一、门票

门票作为田园综合体观光体验产品所采取的盈利方式之一，通常是由开发建设企业的管理方负责发行制作、销售并监管使用。田园综合体的门票可以有差价制、季节差价、淡季、旺季、群体差价、学生、教师、军人、老年、团队差价、旅行社、企业、一票制、联票制、多票制、园内园门票附加赠送制等等多种经营手法。田园综合体的开发运营主要包括以下几种类型的门票盈利方式：

1. 交通工具票类盈利。由于田园综合体的占地面积大，因此项目与项目之间需要通过不同类型的交通工具进行连接。园区的建设发展可以通过以下类型的交通工具进行盈利，例如观光环保汽车、观光小火车、越野马车、牛车等等。

2. 参与性游乐票类盈利。田园综合体的开发建设可以包含民俗歌舞表演型游乐、采摘型游乐和寻宝型游乐等票类盈利方式。民俗歌舞表演型的门票，通常采用单独收取的方式或者包含于景区大门票的方式；采摘型游乐以农业观光采摘为主，根据果蔬的重量进行计价；寻宝型游乐以搜寻宝物为目的，并根据宝物数量进行激励。

二、餐饮

餐饮作为田园综合体盈利的重要方式，依托当地特色的核心——农业种植，融农事体验于一体，并结合当地的饮食环境和氛围，打造"地产、地销"独具地方特色的民俗美食体验，体现当地的民俗特色和不可替代性。"地产、地销"横跨农业生产、餐饮时尚乃至民俗文化，成为逆潮流的餐饮盈利方式。

三、有机采摘

近年来，有机瓜果采摘得到消费者的追捧，有机瓜果采摘不仅可以聚人气，而且项目的成本低、收益高，是田园综合体项目吸引游客和盈利的重要方式。园区内的有机蔬菜和瓜果，为采摘提供了丰富多样的原材料。针对主要客群我们可以将有机瓜果采摘市场进行细分，如儿童、情侣、残疾人士等客群市场，并结合不同的客群市场打造不同风格的采摘体验。

四、户外休闲

随着城市病的漫延，人们渴望逃出城市亲近自然，对于小孩来说这一愿望尤为明显，田园综合体抢占市场先机打造休闲娱乐项目，突出农业空间，弱化城市氛围，让人们能够探索自然的奥秘。园区休闲娱乐的盈利方式包含：插秧、抓鱼、DIY 教室、儿童拓展训练、喂养小动物等农村文创类的活动体验。

五、生鲜配送

结合人们对有机农产品的追求，针对城市家庭需求，提供果蔬配送服务，并通过会员制的方式，推出套餐配送服务，即在指定的时间段进行免费配送服务。随着国家对二胎的放开，儿童的健康饮食需求大，绿色健康的生鲜蔬菜，具有较大的盈利空间。

六、农产品礼盒

基于田园综合体出游者的购买体验需求，推出农产品礼盒，让田园综合体出游者可以直接购买当地农产品，减少中间的销售环节，增加农产品生产者的利润空间。园区结合自身的特点可以打造不同类型的农产品礼盒，如蔬果礼盒、土鸡蛋、包装菜籽油礼盒等。

七、住宿

住宿在田园综合体项目整体盈利中占有举足轻重的地位，是打造夜晚经济的重要助推器。田园综合体中的住宿体验，应在提供基础住宿功能的前提条件下，从细节方面导入当地农村文化和当地农业特色元素，突出当地村庄特有的民宿体验，让消费者身体得到放松，心灵得到净化。

9.6.2 品牌增长盈利方式

品牌能提高产品的附加值。田园综合体通过后期推广形成自己的品牌，带来品牌延伸所产生的盈利，而此盈利是长久的，能带动整个品牌所有相关产业的发展。田园综合体品牌的形成必须有专业的策划团队，对田园综合体的品牌塑造要依托当地农产品种植和民俗文化基底，进行市场调研、分析，得出适合该田园综合体的品牌形象和品牌定位。在塑造品牌的过程中，围绕这个品牌来设计出品牌名称和标志，在品牌塑造的过程中逐渐让品牌深入人心，让品牌具有一定的感召力和传播力，同时不断地强化该品牌在游客心目中的形象。在不同时期，对品牌进行不断的深化，并积极开展各项活动来延长品牌的产品线。当田园综合体的品牌已经深入人心后，就能成为田园综合体吸引游客的活招牌，也将成为田园综合体唯一的特有的竞争力。田园综合体的重点工作应放在维护该品牌上，并着力于如何保护自身品牌形象，注册专属农产品商标等，以求让田园综合体的品牌深入游客内心，进而实现品牌及其附加值的全面提升。

9.6.3 共享客源盈利方式

任何事物都不是孤立存在的，因此在田园综合体项目建设和运营中，应该充分结合周边旅游景点的特色优势，和周边旅游景点进行优势互补，打造互利共赢的局面。走多元化发展道路，和周边旅游景点联合推出全域旅游的套票系列活动，共享周边景区间的客源市场，延伸景区产业链，从而让景区盈利达到最大化和可持续性。

9.7 运营实施

运营即各项管理工作的总称，运营能赋予田园综合体活力和魅力，能实现田园综合体中现代农业、休闲文旅和田园社区等三大功能板块的全面协调发展，打造园区独到的运营模式，达成田园综合体的健康可持续经营发展。而这同时也是田园综合体最大的卖点。

田园综合体的整体运营可以通过成立专门的农业管理和运营管理子公司，分别从物业、产业、商业管理等方面入手对田园综合体进行运营。物业管理方面要打造优质的基础性的物业管理，为田园综合体项目可持续和健康发展提供基本保障；产业管理即为综合体的产业发展提供相应的配套管理和服务平台；田园综合体的商业管理即通过综合运用广告、促销和新闻等手段，扩大田园综合体商业活动的实施效果。

9.7.1　物业管理

田园综合体开发建设过程中的物业管理包含水、电、暖通、通讯、环卫、停车服务和保卫措施等。但随着工业技术水平的提升，有形产品之间的差异越来越小，人们对于产品服务质量的需求日益增加，服务便成了成败的关键所在。物业包含常规性的公共服务、针对性的专项服务和委托性的特约服务三类，而对于商业项目来说，售后的商业物业管理服务及信息反馈分析对其经营起着举足轻重的作用。物业管理具有"统一管理，分散经营"的特征，只有顺应时代发展的趋势，不断学习创新，引入先进的元素，及时为商户及消费者提供便利的服务，田园综合体的商业化更新才能在开发过程中逐渐发展成熟并壮大。

9.7.2　产业管理

田园综合体的产业主要围绕农业、文旅和社区三大板块进行衍生管理。因此综合体内的产业管理包含农业、文旅和社区的运营管理。

9.7.2.1　农业运营策略

农业作为我国国民经济的基础产业，同时也是田园综合体发展的核心产业，农业的运营管理策略应当从以下5个方面展开。

1.田园综合体建设初期应当选择专业化的农业发展管理有限公司，公司联合村集体和合作社选用当地特色农产品进行种植和推广，发展高附加值的农产品。

2.在专业化的农业发展管理有限公司田园综合体官方网站进行农业方面的宣传和推广，并普及最新的农业发展政策，提供乡村旅游方面的培训服务和专家即时问答服务等。

3.依托田园综合体核心产业的农业建设，建立农业物联网平台，并将农业物联网建设点的地理信息、企业信息和环境变化信息全部输入农业物联网平台，打造远程监管和科学决策的农业现代化智能服务平台。农业物联网平台的建立能做到田间信息的实时采集和自动化灌溉，自动监测园区农业生态环境；实时拍摄的视频、图片通过农业物联网平台终端技术的传输，引进专家分析诊断并提供农技和病虫害防治等方面的服务。

4.构建农产品质量的追溯系统，对企业生产人员、管理人员的信息及其日常生产管理工作日志进行有效管理，并生成生产及管理档案，以供政府监管、企业自控、消费者查询。

5.基于田园综合体核心产业的发展，通过线上线下的相互结合，打造多个产品间战略协作，建立当地农产品的品牌，并借助市场获取品牌溢价。同时以手机端电子商务为主，建设电商平台和电商运营。

9.7.2.2 文旅运营策略

依托田园综合体的核心农业，植入田园生态休闲度假类的项目业态，通过自营与联营的方式，整合项目业态体系，促进区域整体协调发展。

一、住宿业态

田园综合体的住宿项目一般采用自营为主、联营为辅的经营模式。田园综合体的住宿业态可分为：度假酒店、特色民宿和帐篷营地等类型。

度假酒店由于建筑体量大的原因，通常采用售后返租形式塑造精品的住宿品牌，该住宿品牌可以自创，也可以通过招商引资的形式导入成熟品牌，还可以通过品牌经营权的委托，并按照一定的比例分配经营利润；特色民宿以当地的民俗文化为基础，对原住民房屋修缮改造，并由原住民作为经营主体，对特色民宿实行统一管理；帐篷营地不占建设用地指标，其自主经营方式具有一定的灵活性。

二、餐饮业态

餐饮业态的经营方式以合作为主，自营为辅。植入成熟的餐饮运营品牌，为餐饮项目的食材、人员和烹饪技术等方面提供专业化的指导。

三、零售业态

以合作为基本形式，同时创立自主品牌，零售业态包含当地的特产农产品、手工产品和文创类的产品等，根据零售的项目确定爆款产品，成为主流吸引核。

四、主题项目门票业态

1.自营为主掌握核心竞争力。

2.针对不同年龄阶段的客群市场设置不同风格类型的主题项目，并通过合理的动线引导，融入整个田园综合体的各类体验项目中，承接田园综合体全龄阶段的市场客群。

3.以田园综合体的自身特点为基础，发挥自身特色优势，与周边项目进行差异化的协同竞争。

9.7.2.3 社区运营策略

田园社区即在原始村落形态发展变化的基础上，创造新的社区形态，并设置田园社区的配套服务体系。田园社区可以运用直接销售、以租代售、售后返租、分时分权销售的手段获得现金流的回笼。

1. 田园综合体多位于乡村，土地性质多为集体所有制土地，部分土地存在农转非的现象，因此对于田园社区的开发利用，应巧妙利用直接销售、以租代售、售后返祖、分时分权的销售手段：国有建设用地多采用直接销售的方式，而集体土地多采用以租代征，并且根据市场的行情剖析，明确返租比例。在对现有田园综合体的项目进行整合的基础上，打造分时分权度假卡的开发经营方式。

2. 田园社区依托现有的乡村肌理进行建设，社区的销售应该结合园区所在乡村的乡土人情和建筑风格，打造独具地方特色的田园社区销售模式。

3. 在大众创业、万众创新的时代，田园综合体应结合社区需求，建立共享共创的园区组团，对接特定对象的具体需求。

9.7.3 商业管理

商业管理是在田园综合体的商业活动中通过与田园综合体的生产、管理和战略目标等的紧密融合，通过广告、促销、公关和新闻等方式，综合运用，让商业活动聚集人气并达到较好的成果。成功的商业活动是田园综合体发展的重要要素。商业管理主要包括以下四个层面：

1. 品牌及形象的定位及传播：田园综合体的品牌和形象的宣传是吸引游客的重要因素。田园综合体的管理企业应当综合整个项目的发展背景、开发思路、总体定位的需求，通过视觉、理念和行为等方式对园区的品牌进行塑造、传播和管理。

2. 游线开发设计：田园综合体应与周边旅游项目的开发尽量衔接，努力打造整体特色游览线路，区域间的游线还要通过地区政府间的协作，依托目标市场客群，构建科学合理的旅游线路。

3. 活动促销：将区域内自然资源、人文资源相结合，打造四季型多主题的特色节事活动，特别是中国传统文化节日，同时根据不同季节推出不同的主题活动，并针对部分节庆进行重点活动策划，制订每年的活动计划表。通过 5G 大数据网络新媒体结合传统的平面媒体，以及节事活动策划进行多方面多维度的推广。

4. 智慧营销：以现代信息技术为时代背景，以游客互动体验为核心竞争力，以行业信息管理为依托，以产业结构升级为目标，建立田园综合体项目专属的管理、服务、宣传和营销的网络服务平台,实现智慧化、信息化管理。

9.8 运营保障

一、政策保障

田园综合体的开发建设过程中,地方各级人民政府要不断完善政策保障,为田园综合体持续健康发展不断完善政策保障机制。

二、机制保障

协调政府、村集体、合作社和开发企业四大主体的利益关系,出台相关政策文件,打造各方健康稳定的标准化合作机制。政府在田园综合体的开发建设过程中承担政策方向引导的作用;村集体起到了政府与开发企业之间沟通协调的桥梁作用;合作社的组织运营中农民可以承担自主管理权,对合作社发展的相应事物进行自主决策,从而激活农民的积极性与责任感;开发企业具有丰富的管理经验和技术储备,在田园综合体的开发建设中,企业可以为村民的自发管理行为提供科学指导和科技支持,从而促进合作社运行和管理的科学化发展。

三、资金保障

田园综合体基础设施建设和产业注入需大量资金的投入,因此田园综合体开发建设需要各种金融机构加大资金投资力度,并统筹兼顾各种渠道的涉农资金。

田园综合体的建设中还应大力引入社会资本,同时推动政府和社会资本的配合,通过财政杠杆,撬动金融和社会资本投入到田园综合体的建设中来,创新项目的融资渠道,形成项目发展的源头活水。

四、技术保障

引入先进的农业监管体系,完善项目的配套服务设施,从而提高其核心基础农业产业的质量,完善农业物联网平台和农产品质量的溯源系统等技术保障,为田园综合体产业高标准产品的产出做好切实保障。

参考文献

［1］邱乐丰，方豪，陈剑平，等.现代农业综合体：现代农业发展的新形态［J］.浙江农业科学，2014
　　（16）.

［2］张诚，徐心怡.新田园主义理论在新型城镇化建设中的探索与实践［J］.小城镇建设，2017（03）.

［3］张诚.解读新田园主义［J］.中国房地产，2017（9）.

［4］费孝通.江村经济［M］.南京：江苏人民出版社，1986.

［5］杨贵庆.黄岩实践：美丽乡村规划建设探索［M］.上海：同济大学出版社，2015.

［6］一诺休闲农业规划·壹方城.田园综合体项目6支撑＋6建设＋7条件＋6拒绝＋3资金＋5
　　财政［EB／OL］.（2018.3.17）.http：／／www.cre.org.cn／zt／chengxiang／12399.html.

［7］赵文龙.试论重庆农业保险发展路径［J］.上海保险，2014（02）.

［8］魏亚男，宋帅官.完善农村土地承包经营权退出机制［J］.农业经济，2014（05）.

［9］陈小红.试论农村宅基地征收补偿制度的完善［J］.辽宁省交通高等专科学校学报，2013（03）.

［10］余永和，张凤.农村宅基地流转的论争与宅基地制度的完善［J］.农村经济，2014（06）.

［11］刘智远.深化农村土地制度改革［J］.新西藏.2014.

［12］保育钧.城镇化振兴新农业［J］.中外管理，2013（12）：82－83.

［13］佚名.中国"逆城市化"现象分析：农村土改迫在眉睫［EB／OL］.（2018.06.06）.http：／／finance.
　　haiwainet.cn／n／2016／0606／c3540923－29983664.html.

［14］万昆.建筑综合体"城市化"特征初探［J］.华中建筑，2011（06）.

［15］房延辉.振兴政策——改革开放篇［J］.共产党员：上半月，2013（11）.

［16］佚名.特色文化产业在扶贫攻坚中有何路径选择？［EB／OL］.（2018.10.17）.http：／／www.
　　yidianzixun.com／article／0KHmLfAU

［17］施红.新型城镇化如何留住美丽乡愁［J］.小城镇建设，2014（05）.

［18］席旭文.新型城镇化、福利约束与市民化问题研究［D］.吉林大学，2017.

［19］刘治彦.新型城镇化未来格局展望［J］.人民论坛，2013（21）.

[20]陈青松，徐智涌，王岩，等．田园综合体：实操指南及落地案例［M］．北京：中国市场出版社，2018．

[21]林峰．特色小镇孵化器：特色小镇全产业链全程服务解决方案［M］．北京：中国旅游出版社，2017．

[22]佚名．坚持城乡融合新型城镇化战略，推进乡村振兴，拾初不忘初心［EB/OL］．（2019.4.14）．https：//www.sohu.com/a/305863171_120086954.

[23]佚名．我国居民恩格尔系数进入富足区间 消费基础性作用增强升级步伐加快［EB/OL］．（2018.04.04）http://mini.eastday.com/a/180404093424694.html？qid=02263.

[24]智慧老农．澳洲东海岸田园综合体：猎人谷美酒区［EB/OL］．（2018.3.19）.http://blog.sina.com.cn/s/blog_76d50bbf0102x8dq.html.

[25]杨振之．去看看——国外乡村为啥这么美？美丽乡村规划建设系列专题（三）．来也旅游发展公司［EB/OL］．（2015.6.16）.http://www.venitour.com/info.aspx？ContentID=615&t=25.

[26]张诚．新田园主义概论与田园综合体实践［M］．北京：北京大学出版社，2018．

[27]尤飞，汤俊．田园综合体规划经典案例赏析［M］．北京：中国农业科学技术出版社，2018．

[28]李养田．田园综合体的5个功能、5点内涵和7个途径［EB/OL］．（2017.8.22）.http://blog.sina.com.cn/s/blog_679394f40102x3uh.html.

[29]董莹．城市化背景下县级城市综合体发展研究［J］．中国市场，2013(27)．

[30]朱德米．社会稳定风险评估的社会理论图景［J］．南京社会科学，2014(04)．

[31]陈怡．产业融合视角下我国农村文化产业发展模式探析［J］．商业时代，2012(06)．

[32]曹乾石．新农村建设要注意留有田园风光［J］．群众，2013(04)．

[33]王新宇，于华，徐怡芳．田园综合体模式创新探索——以田园东方为例［J］．生态城市与绿色建筑，2017(Z1)：71-77.

[34]王智敏，王涛．以田园综合体为理念打造农业特色小镇［J］．才智，2019(07)．

[35]一诺农旅．实例解读：城郊田园综合体如何运营［EB/OL］．（2019.06.01）.https：//www.sohu.com/a/317914179_120046640.

[36]中商产业研究院．河北省迁西县花乡果巷田园综合体项目案例［EB/OL］．（2019.05.08）.https：//www.askci.com/xmal/20190508/1743281145926.shtml.

[37]中国发展观察．朱家林田园综合体：乡村振兴的齐鲁样本［EB/OL］．（2019.10.14）.http://www.chinado.cn/？p=8405.

[38]中商产业研究院．山东临沂朱家林：从一穷二白的农村，到国家级田园综合体试点［EB/OL］．（2019.05.30）.https：//www.sohu.com/a/317690760_760111.

[39]佚名．学习《中国共产党农村工作条例》体会［EB/OL］．（2019.09.31）.https：//www.is97.com/doc_177837_1.html.

[40]易珏．结构性改革转向［J］．中国经济信息，2013(11)．

[41]杜鹰.农业供给侧结构性改革要激活农业新动能［EB/OL］.（2018.06.22）.http：//sike.news.cn/hot/2018/11/19/detail32.html.

[42]农业部信息中心.我国农村产业结构的变化和发展状况［EB/OL］.（2003.08.11）.http：//jiuban.moa.gov.cn/fwllm/jjps/200308/t20030808_108643.htm.

[43]李玉双，邓彬.我国乡村产业发展面临的困境与对策［J］.湖湘论坛，2018（06）.

[44]朱晓娟，姜文来.乡村产业振兴面临的挑战及其对策［N］.经济日报，2019 - 08 - 29.

[45]佚名.做得不好的"袁家村"长什么样？乡村旅游开发失败案例反思［EB/OL］.（2019.02.19）http：//www.360doc.com/content/19/0219/10/50670895_816045620.shtml.

[46]费文君，吴济洋，曹颖，等.农业供给侧改革下的南京旅游型乡村"四态"规划法分析——以外沙村为例［J］.江苏农业科学，2017（19）.

[47]白锋哲.深入贯彻落实党的十七大精神　开创农业农村经济工作新局面［N］.农民日报，2007 - 11 - 10.

[48]万鹏，朱书缘."新四化"同步：如何破题［N］.人民日报，2013 - 03 - 24.

[49]刘璐.如何理解十九大报告的"实施乡村振兴战略"——专访中央农村工作领导小组办公室主任韩俊［J］.村委主任，2017（14）.

[50]林火灿.以乡村振兴战略带动城乡融合发展［N］.经济日报，2017 - 12 - 28.

[51]古小东，夏斌.绿色社区发展的背景、内涵与意义［J］.广东农业科学，2013（20）.

[52]赵承华.乡村旅游及其推动农村产业结构优化研究［D］.武汉理工大学，2009.

[53]佚名.10个农业全产业链模式最好的企业案例［EB/OL］.（2018.07.13）.http：//www.360doc.com/content/18/0713/20/29650793_770172334.shtml

[54]佚名.田园综合体开发建设的7个要点［EB/OL］.（2019.05.12）.http：//www.360doc.com/content/19/0512/03/49586_835106793.shtml.

[55]张艳双.观光农业主题园景观规划设计［J］.浙江农业科学，2014（01）.

[56]韩非池，王征，龚琦.贫困地区：将生态资源优势转化为经济优势［N］.中国改革报，2019 - 09 - 25.

[57]姜胤宇，石庆龙.我国大力发展农业循环经济的策略［J］.农业与技术，2013（10）.

[58]陈娟娟.中国生态农业旅游模式的规划机制研究［J］.农业经济，2014（04）.

[59]中国农业大学农业规划科学研究所.农产品产地初加工发展的国际经验与启示［EB/OL］.（2019.8.12）http：//agriplan.cn/experts/2019 - 08/zy - 4440_21.htm.

[60]季祖平，刁春宏，陆仁峥，等.现代农业产业园引领农业新发展［J］.农村工作通讯，2012（06）.

[61]李继刚.中国小农去自给化研究［D］.西北农林科技大学，2011.

[62]付海英，朱绪荣，朱晓禧，等.国家现代农业产业园规划与方案编制方法及案例［M］.北京：中国农业科学技术出版社，2017.

[63]罗琦，罗明忠.江西省赣州市农业主导产业选择及其发展策略［J］.南方农村，2015（01）.

[64]陈海霞,亢志华,马康贫,等.现代农业产业规划中主导产业选择方法研究及实例分析——以江苏连云港市为例[J].安徽农业科学,2009(28).

[65]沈家山.改革创新激活力 立足优势谋发展[J].中国粮食经济,2012(09).

[66]刘超娥.城市综合体的规划布局设计解析[J].黑龙江科技信息,2014(06).

[67]史莹,曾玉荣,曹仁勇,等.供给端优化下的田园综合体产业体系构建方法分析——以南京市溪田田园综合体为例[J].江苏农业科学,2018(24).

[68]戚聿东.中国产业集中度与经济绩效关系的实证分析[J].管理世界,1998(04).

[69]叶兴庆.我国农业经营体制的40年演变与未来走向[J].农业经济问题,2018(06).

[70]佚名.田园综合体链式结构及发展模式[EB/OL].(2018.7.16).http://www.360doc.com/content/18/0716/07/43676760_770696128.shtml.

[71]吴咏虹.论区域资源优势与资源开发优势[J].经济体制改革,2002(03).

[72]李慧,冯蕾."产业准入负面清单"助推国家生态功能区建设[N].光明日报,2016-10-23.

[73]崇明推出首个农业负面清单[J].领导决策信息,2018(36):20.

[74]礼泉.三产深度融合释放发展新活力[EB/OL].陕西新闻 陕西网(2018.5.10).http://news.ishaanxi.com/2018/0510/830472.shtml.

[75]陈剑平.农业综合体:区域现代农业发展的新载体[N].浙江日报,2012-12-03(014).

[76]华清集团1984.浅谈旅游项目运营[EB/OL].(2018.01.15).https://m.sohu.com/a/216899459_756602.

[77]山合水易.山合水易[EB/OL].(2017.09.28).http://www.shsee.com/yj/tyzht/836.html.

[78]郑秋林.田园综合体开发利益分配问题研究[D].河南财经政法大学,2019.

[79]王红宝,杨建朝,李美羽.乡村振兴战略背景下田园综合体核心利益相关者共生机制研究[J].农业经济.2019(10).

[80]梁宏松.浅析农民专业合作社产业化经营及税收政策[J].内蒙古科技与经济.2014(14).

[81]于潇,吴克宁,阮松涛.集体经营性建设用地入市[J].中国土地.2014(02).

[82]彭继稳.田园综合体用地模式选择研究[D].郑州大学,2019.

[83]庞庆华,杨晓卉,姜明栋.田园综合体的PPP融资模式[J].江苏农业科学.2019(15).

[84]山合水易.田园综合体之政府、村集体、开发企业、农民利益关系和职能分配[EB/OL].(2017.09.28).http://www.shsee.com/yj/tyzht/836.html.

[85]曲倩,唐红,何丽霞.田园综合体盈利模式分析——以甘肃省陇南市成县庙下村生态田园综合体为例[J].甘肃农业.2019(05).

[86]文旅聚焦.透析田园综合体运营策略[EB/OL].(2018.01.02).https://m.sohu.com/a/214272686_99920981/.

[87]中航长沙设计研究院有限公司.产业地产视域下的中国通用航空产业园规划研究[M].北京:中国建筑工业出版社,2017.

国家级田园综合体及其相关项目实地考察照片

浙江安吉田园鲁家(2018.7)

鲁家小火车

蝴蝶农场

果园农场

万竹农场

两山学院

游客服务中心

河北迁西花乡果巷田园综合体实地考察(2018.11)

花乡果巷小镇入口

山居假日酒店

与当地企业家座谈

度假木屋

度假木屋

木板商业街

四川都江堰天府源田园综合体实地考察（2018.11）

胥家猕猴桃产业示范区

双创中心

绿色蔬菜种植基地

拾光山丘项目

双创中心

职业经理人培训

成都和盛田园东方实地考察（2018.11）

新店子社区

田园生活馆

田园生活馆展厅

书院

农夫市集

阿狸乐园

成都多利桃花源实地考察（2018.11）

多利有机小镇创客招募中心

帐篷酒店

多利农庄

有机农场

农庄庭院

小镇入口

重庆忠县三峡橘乡田园综合体实地考察（2018.11）

橘园

重庆三峡建设集团派森百橙汁有限公司

柑橘文化时空馆

橙汁生产车间

果实存储仓

果皮果渣垃圾资源化利用项目

广西南宁美丽南方田园综合体实地考察（2019.7）

美丽南方入口牌坊

产业项目一览

邮谷稻鱼共生示范基地

葡萄种植大棚

田园社区

青瓦房古村落

广东珠海斗门岭南大地田园综合体实地考察（2019.7）

花田喜地度假屋

莲藕种植基地

生态馆

生态馆

停云小镇

集装箱民宿